Philip Kotler
Die zehn Todsünden im Marketing

Philip Kotler

DIE ZEHN TODSÜNDEN
IM MARKETING

Fehler vermeiden – Lösungen finden

Aus dem Amerikanischen
von Ulrike Zehetmayr

Econ

Die Originalausgabe erschien 2004
unter dem Titel »Ten Deadly Marketing Sins«
im Verlag John Wiley & Sons, Inc., Hoboken, New Jersey.
© 2004 by Philip Kotler.

Econ ist ein Verlag der Ullstein Buchverlage GmbH

1. Auflage 2005
ISBN 3-430-15497-9
© by Ullstein Buchverlage GmbH, Berlin
Gesetzt aus der Adobe Garamond und Univers
bei LVD GmbH, Berlin
Druck und Bindearbeiten: Fa. Pustet, Regensburg
Printed in Germany
Alle Rechte vorbehalten

Ich widme dieses Buch
meinen sechs Enkelkindern –
Jordan, Jamie, Ellie, Olivia, Abby und Sam –,
die ich von ganzem Herzen liebe.

Danksagung

Dieses Buch basiert auf der jahrelangen Zusammenarbeit mit Beratungsunternehmen und Einzelkunden. Besonders danken möchte ich Hamilton Consultants in Cambridge, Massachussetts (www.hamiltonco.com). Die ursprüngliche Zusammenstellung der zehn häufigsten »Marketingsünden« stammt vom Mitautor meines Artikels *Marketing Audit,* Will Rodgers, und seinen Kollegen von MAC Group und Hamilton Consultants. Sie stützten sich dabei auf die Ergebnisse von mehr als 75 Marketing-Audits in Unternehmen, die in einem Zeitraum von 15 Jahren stattfanden. Darüber hinaus hat Hamilton Consultants den Audit zur »Market-based Profit Improvement« (marktbasierte Gewinnsteigerung) weiterentwickelt, bei der Ergebnisse des Audits mit den Auswirkungen auf das Endergebnis verknüpft werden. Ich habe diese Liste der schwerwiegendsten Marketingfehler und meine eigene Erfahrung als Berater als Grundlage für dieses Buch verwendet.

Ebenfalls danken möchte ich der Kotler Marketing Group in Washington, D. C. (www.kotlermarketing.com) für ihre Bemühungen, gravierende Marketingfehler zu identifizieren und innovative Lösungen vorzuschlagen.

Die Kotler Marketing Group ist auf strategisches Marketing spezialisiert und hat mit Kunden wie AT&T, IBM, JP Morgan, Northwestern Mutual, Weyerhaeuser, Baxter, Pfizer, Shell Chemical, Ford, McDonald's, Michelin und SAS Airlines zusammengearbeitet. Ihr Präsident und Gründer, Milton Kotler, hat in Sachen Marketing einen geradezu unheimlichen Ideenreichtum bewiesen, mit dem er seinem Unternehmen immer wieder zu unkonventionellen Lösungen verholfen hat.

INHALT

MARKETING HEUTE –
EINE BESTANDSAUFNAHME

Das Marketing ist in schlechter Verfassung. Nicht die Marketingtheorie, sondern die Marketingpraxis. Jedes Produkt und jede Dienstleistung muss unterstützt werden durch einen Marketingplan, der am Ende zu einem guten Ertrag führt, mit dem die angefallenen Investitionen von Zeit und Geld gedeckt werden. Doch warum scheitern dann 75 Prozent der neuen Produkte, Dienstleistungen und Unternehmen?[1] Zu diesen Fehlschlägen kommt es trotz all der Arbeit, die in Marktforschung, Entwicklung und Prüfung von Konzepten, Geschäftsanalysen, Produktentwicklung und Produkttests, Markttests und die Markteinführung gesteckt wird.

Das Marketing sollte die Geschäftsstrategie bestimmen. Es ist die Aufgabe des Marketing, neue Möglichkeiten für das Unternehmen ausfindig zu machen und Segmentierung, Targeting und Positionierung (STP) sorgfältig durchzuführen, um eine neue geschäftliche Unternehmung auf den richtigen Kurs zu bringen. Dann sollte das Marketing die 4 Ps definieren – Produkt, Preis, Platzierung und Promotion – und dafür sorgen, dass sie untereinander und mit der STP-Strategie harmonieren. Als Nächstes sollte das Marketing den Plan implementieren und die Ergebnisse überwachen. Wenn die Ergebnisse vom Plan abweichen, muss das Marketing feststellen, ob es an der fehlerhaften Implementierung, einem schlecht durchdachten Marketingmix, der fehlgeleiteten STP-Strategie oder an inkompetenter Marktforschung liegt.

Doch mittlerweile gibt es nicht mehr viele Marketingabteilungen, die diesen Prozess von Anfang bis Ende durchführen. Heute sind neben dem Marketing auch Strategen, die Finanzabteilung und der operative Bereich beteiligt. Irgendwie entsteht ein neues Produkt oder eine neue Dienstleistung, und nun muss sich die Marketingabteilung um ihre wahre Aufgabe kümmern bzw. um das, was der Rest des Unternehmens dafür hält, nämlich Verkauf und Promotion. Meist wird das Marketing auf ein P reduziert – Promotion –, statt alle vier Ps zu berücksichtigen. Da das Unternehmen in diesem Fall ein Produkt herstellt, das sich nicht gut verkauft, besteht die Aufgabe der Marketingabteilung vor allem darin, den Schaden durch aggressive Verkaufsstrategien und Werbung wieder gutzumachen.

Hier ein Beispiel für Marketing, das sich auf ein P beschränkt. Ich fragte den Marketingchef einer europäischen Fluglinie, ob er die Preise für die Flugtickets festlegt:

»Das macht die Finanzabteilung.«
»Haben Sie Einfluss darauf, welches Essen im Flugzeug serviert wird?«
»Nein, dafür sind die Leute vom Catering zuständig.«
»Können Sie bei der Einstellung des Bordpersonals mitreden?«
»Nein, darüber entscheidet die Personalabteilung.«
»Was ist mit der Reinigung der Flugzeuge?«

»Das ist die Aufgabe der Wartungsabteilung.«
» Was machen dann Sie?«
»Ich kümmere mich um die Werbung und den Verkauf.«

Ganz offensichtlich betrachtet diese Fluglinie Marketing als eine Funktion mit nur einem P.

Darüber hinaus handhabt das Marketing die Werbung und den Verkauf im Allgemeinen nicht sonderlich gut, da können Sie jeden Unternehmenschef fragen. Sie alle fürchten sich vor den Werbekosten für einen Zeitraum, in dem der Verkauf schlecht läuft. »Was hat uns die Werbung gebracht?«, fragen sie dann den Marketingleiter. Im besten Fall lautet die Antwort, dass der Verkauf ohne Werbung noch schlechter gelaufen wäre. »Aber welchen Gewinn hat uns diese Investition eingebracht?« Und auf diese Frage gibt es nie eine gute Antwort.

Die Unternehmensleiter verlieren verständlicherweise langsam die Geduld mit dem Marketing. Sie haben den Eindruck, dass ihre Investitionen in das Finanzwesen, die Produktion, die Informationstechnologie und sogar in den Einkauf gerechtfertigt sind, sie aber nicht wissen, was die Ausgaben für das Marketing bringen. Es stimmt natürlich, dass Marketing komplexere Abläufe umfasst, die eine klare Definition von Ursache und Wirkung erschweren. Doch die Theorie wurde inzwischen weiterentwickelt, und andere Unternehmen setzen diese Fortschritte in die Praxis um. Warum geschieht das nicht auch in Ihrem Unternehmen?

Alle Zeichen deuten darauf hin, dass dem Marketing harte Zeiten bevorstehen. Denken Sie über die folgenden Punkte nach:

- Für nationale Marken wird es schwieriger, die Kosten für den Aufbau ihrer Marke zu erwirtschaften. Warum? Wal-Mart und seine Nachahmer bestehen bei ihren Lieferanten auf wesentlich geringeren Preisen, wenn diese Wal-Mart beliefern wollen. Und große Einzelhändler bieten zunehmend Eigenmarken an, die mit der Qualität der nationalen Marken durchaus mithalten können, aber keine Forschungs-, Werbe- und Verkaufskosten verursachen. Untersuchungen zeigen, dass die Generation Y Werbung skeptischer gegenübersteht. Naomi Klein hat mit ihrem Buch *No Logo!* viele Menschen veranlasst, darüber nachzudenken, wie viel sie für Marken zu zahlen bereit sind, für die mehr Werbung gemacht wird, und wie sich die aggressive Markenpolitik auf die Kosten der Gesellschaft auswirkt.[2]
- Viele Unternehmen setzen auf Customer Relationship Management (CRM) als neuestes Heilmittel gegen ihre diversen Krankheiten. Das heißt, sie sammeln persönliche Informationen über Einzelpersonen, um besser einschätzen zu können, zum Kauf welcher Produkte diese sich am ehesten verleiten lassen. Doch dieses Vorgehen stößt auf immer mehr Ablehnung. Darüber hinaus gehen den Leuten Werbeaussendungen, Spam-Mails und Telefonanrufe immer mehr auf die Nerven. Der amerikanische Kongress hat bereits ein Gesetz verabschiedet, das den Menschen das Recht einräumt, sich vor unerwünschten Anrufen zu schützen. Firmen, die gegen dieses Gesetz verstoßen, müssen mit Strafen bis 11 000 US-Dollar rechnen. In Anbetracht dieser Entwicklung sollten Unternehmen

so schnell wie möglich auf Permission Marketing oder Opt-in-Marketing (Marketing mit Erlaubnis des Kunden) umsatteln.

- Aktionen, um Kunden an das Unternehmen zu binden, sind eine gute Idee, die prima funktioniert, wenn man als Erster darauf kommt. Den Mitbewerbern bleibt dann allerdings nichts anderes übrig, als ihre eigene Treueaktion zu starten. Heute haben die meisten Geschäftsleute sowohl Visa als auch MasterCard und American Express und sammeln Vielfliegerpunkte, gleichgültig, mit welcher Fluglinie sie fliegen.

- Wie billig ein Unternehmen sein Produkt im eigenen Land auch herstellen kann, China kann es sicher noch billiger herstellen und fängt außerdem an, bei der Qualität gleichzuziehen. China hat das Potenzial, das japanische Wunder zu wiederholen: bessere Qualität zu niedrigeren Preisen. Für Länder, die mit niedrigen Arbeitskosten werben, wie Lateinamerika und Osteuropa, ist das ein schwerer Schlag. Auf diese Weise hat Mexiko bereits Autofabriken und andere Fabriken in der Mequiladora-Region verloren, die nach China abgewandert sind. Natürlich verlegen amerikanische Hersteller das Sourcing und die Produktion in billigere Länder, was zu einem Rückgang der Beschäftigung in den USA führt. Das zieht wiederum geringere Kaufkraft und Umsätze nach sich, womit sich der Teufelskreis schließt.

- Die Kosten des Massenmarketing steigen, obwohl die Wirksamkeit sinkt. Da weniger Menschen auf Fernsehwerbung ansprechen – und sie entweder ignorieren oder auf einen anderen Sender schalten –, erhöhen die Fernsehgesellschaften ihre Preise. Das wird das Marketing zwingen, effektivere Medien zu finden.

- Differenzierung war in den letzten Jahren das Credo des Marketing: »Differenzieren, differenzieren und nochmals differenzieren!« Professor Theodore Levitt erklärte vor Jahren, dass man alles differenzieren kann, einschließlich Salz und Zement. Die Sache hat allerdings zwei Haken: Viele Differenzierungen interessieren die Konsumenten nicht ... sie sind falsch oder nicht überzeugend. Darüber hinaus braucht die Konkurrenz meist nicht lange, um eine effektive Differenzierung zu kopieren, sodass die Innovatoren noch kürzere Lebenszyklen hinnehmen müssen und kaum noch ihre Investitionen abdecken können.

- Die Konsumenten sind besser informiert und preisbewusster: Wenn Herr Jones heute eine Nikon Coolpix 4300 Digitalkamera kaufen will, geht er auf www.mysimon.com und findet dort mehr als 25 Online-Anbieter samt den Preisen für die gewünschte Kamera. Und die Bandbreite ist geradezu schockierend: Die Preise reichen von 339 bis 449 US-Dollar! Auf diese Weise werden die Konsumenten zu Preisbewusstsein erzogen. Beim Online-Shoppen ist der Preis der entscheidende Faktor, während Zuverlässigkeit oder Serviceleistungen kaum ins Gewicht fallen. Und wenn Herr Jones ein neues Auto möchte, marschiert er zum Autohändler und weiß ganz genau, wie viel sein Modell kosten soll. Vielleicht geht er sogar auf Priceline.com und gibt an, wie viel er dafür zu zahlen bereit ist. Dann braucht er nur noch einen Händler, der auf sein Angebot einsteigt.

- Die meisten Unternehmen kürzen in mageren Zeiten ihr Marketingbudget – den Motor des Umsatzes. Doch da es keine Zahlen gibt, die den Nutzen der Marketingausgaben beweisen, kann man es ihnen nicht einmal verdenken.

Wir könnten die Liste noch fortsetzen, doch die Kernaussage dürfte bereits klar sein: Für das Marketing wird es immer schwieriger, die Gewinnspannen beizubehalten und die Gewinnziele zu erreichen. Damit nicht genug, sind viele Unternehmen aus der Sicht des Marketing nicht effizient organisiert. Und wenn zu all den vorher angeführten Problemen auch noch ineffizientes und ineffektives Marketing hinzukommt, ist die Katastrophe vorprogrammiert.

Ich habe mich bemüht, die gravierendsten Marketingfehler zu identifizieren, die den Erfolg von Unternehmen behindern. Ich habe zehn gefunden, die ich als die Zehn Todsünden im Marketing bezeichne. Unternehmen müssen zwei Dinge beachten: Erstens, welche Symptome beziehungsweise Anzeichen lassen darauf schließen, dass ein Unternehmen eine bestimmte Marketingsünde begeht? Zweitens, wie lässt sich dieses Problem am besten lösen?

Müsste ich ein Unternehmen leiten, würde ich mich mit meinen Kollegen zusammensetzen und die zehn Sünden durchgehen. Zuerst würden wir klären, welche am schwerwiegendsten sind. Als Nächstes würden wir die beste Lösungsstrategie festlegen. Dann würde ich einen hochrangigen Mitarbeiter beauftragen, unsere Leistung nach diesen Gesichtspunkten zu verbessern. Ich würde mir bewusst machen, dass einige dieser Mängel Investitionen über einen längeren Zeitraum erfordern, doch wenn sie unseren Erfolg auf dem Markt verhindern, würde ich diese Kosten in Kauf nehmen.

Ich bin prinzipiell der Ansicht, dass die Aufgabe des Marketing nicht darin besteht, den Verkauf zu forcieren, sondern darin, Produkte zu schaffen, die sich praktisch von selbst verkaufen. Marketingleute brauchen die Fähigkeit, Gelegenheiten zu erkennen (das heißt unerfüllte Bedürfnisse oder Lösungen, die die Lebensqualität steigern) sowie Pläne zu entwickeln und durchzuführen, die auf dem Markt erfolgreich sind. Ich möchte, dass das Marketing wieder seine eigentliche Funktion erfüllt: die Geschäftsstrategie zu bestimmen. Und hier sind sie: Die Zehn Todsünden im Marketing.[3]

DIE ZEHN TODSÜNDEN IM MARKETING

1. Ihr Unternehmen ist nicht marktgetrieben und kundenorientiert genug.
2. Ihr Unternehmen versteht seine Zielkunden nicht.
3. Ihr Unternehmen muss seine Konkurrenten besser definieren und beobachten.
4. Ihr Unternehmen hat die Beziehungen mit seinen Stakeholdern nicht im Griff.
5. Ihr Unternehmen ist nicht gut im Aufspüren neuer Geschäftsmöglichkeiten.
6. Die Marketingplanung Ihres Unternehmens funktioniert nicht.

7. Die Produkt- und Servicepolitik Ihres Unternehmens muss verbessert werden.
8. Die Markenpflege und die Kommunikation Ihres Unternehmens sind mangelhaft.
9. Ihr Unternehmen ist für effektives und effizientes Marketing nicht gut genug organisiert.
10. Ihr Unternehmen nutzt die Technologie nicht optimal.

Anmerkungen

1 Doug Hall, *Jump Start Your Business Brain* (Brain Brew Books, Cincinnati, 2001), S. 3.
2 Naomi Klein, *No Logo* (Flamingo, London, 2000) (dt.: *No Logo!*, Riemann Verlag, München, 2002).
3 Bei Amazon.com findet man unter dem Suchbegriff »Deadly Sins« (Todsünden) mehr als 136 Titel. Zwei der Managementbücher möchte ich hier anführen: *Why CEOs Fail: The 11 Deadly Sins and How NOT to Commit Them* von David L. Dotlich und Peter C. Cairo (John Wiley & Sons, 2003) und *The Seven Deadly Sins of Management* (Profile Books, London, 2003) von Jonathan Ellis und Rene Tissen (dt.: *Die 7 Todsünden im Management*, Redline Wirtschaft, 2003).

Kapitel 1

IHR UNTERNEHMEN IST NICHT MARKTGETRIEBEN UND KUNDENORIENTIERT GENUG

In diesem Kapitel geht es um die zwei Seiten des schwerwiegendsten und häufigsten Marketingfehlers: Das Unternehmen erkennt seine Marktchancen nicht, oder es verfügt nicht über die nötige Organisation, um die Wünsche und Erwartungen der Zielkunden zu erfüllen.

UNZUREICHENDER MARKTFOKUS

Was lässt darauf schließen, dass Ihre Marketingabteilung Ihren Markt nicht ausreichend analysiert hat?

Symptome
• Keine klare Identifizierung von Marktsegmenten
• Unzureichende Priorisierung von Marktsegmenten
• Keine Marktsegmentmanager

Keine klare Identifizierung von Marktsegmenten

Wir stellen folgende Frage: »Wem möchten Sie Ihre Produkte verkaufen?« Die Antwort »allen« gilt nicht.

Eben diese Antwort erhielt ich, als ich hochrangigen Führungskräften des riesigen Warenhauskonzerns Sears diese Frage stellte. »Wir verkaufen an alle. Jeder kauft etwas in unseren Läden … Kleidung, Werkzeug, Haushaltsgeräte …«. Daraufhin fragte ich: »Kaufen viele Teenager Kleidung bei Sears?« »Nein, nicht so viele, wie wir gerne hätten. Aber ihre Mütter kaufen bei Sears.« »Also nicht jede Ihrer Zielgruppen kauft viel bei Sears.« »Ja, das stimmt leider.« »Warum konzentrieren Sie sich dann nicht auf die Gruppen, die Ihre Waren und Ihren Service wirklich schätzen, statt zu versuchen, alle anzusprechen?« Darauf hatten sie keine Antwort.

Zum Glück antworten die meisten Unternehmen nicht »allen«. Das bedeutet aber noch nicht, dass sie einen klaren Marktfokus haben. So könnte ein Laden für Damenbekleidung sagen: »Wir verkaufen Kleidung an Frauen zwischen 20 und 50.« Ich sage, das ist eine ziemlich große Gruppe mit ziemlich unterschiedlichen Bedürfnissen. Jüngere Frauen wollen wahrscheinlich schicke Kleidung zum Ausgehen, während Frauen über 35 vermutlich eher an praktischer Kleidung für die Arbeit und zu Hause interessiert sind.

Über die Gründung der erfolgreichen Textilkette Limited durch Les Wexner wird die folgende Geschichte erzählt. Les' Vater hatte ein Damenbekleidungsgeschäft, das unterschiedliche Kleidung für verschiedene Alters-

gruppen führte. Der junge Les studierte an der Ohio State University und hörte eines Tages eine Vorlesung über Marktsegmentierung. Daraufhin fragte er seinen Vater: »Warum führen wir so viele verschiedene Kleider für so viele Frauen?« Sein Vater antwortete: »Das liegt doch auf der Hand: Wie soll ich wissen, welche Frauen in meinen Laden kommen? Les, ich habe das Gefühl, dass ich mit deiner College-Ausbildung mein Geld verschwende.« Als Les das Geschäft schließlich übernahm, schränkte er als Erstes das Angebot ein, und zwar auf Kleidung für modebewusste junge Frauen bis Ende 20. Und er stimmte alles auf diese Gruppe ab: Er stellte junges Verkaufspersonal ein, spielte Musik, die Frauen in diesem Alter gefällt, und verwendete Farben, die diese Gruppe ansprechen. Und er gab dem Laden einen neuen Namen: Limited.

Unzureichende Priorisierung von Marktsegmenten

Viele Unternehmen identifizieren verschiedene Marktsegmente und erstellen dann für jedes Angebote. Nehmen wir einen Aluminiumhersteller, der zu verschiedenen Konditionen an Flugzeugbauer, Autohersteller, Baufirmen und Hersteller von Küchengeräten verkauft. Meine Frage ist: Hat dieses Unternehmen die relative Attraktivität jedes Segments eruiert? Offensichtlich investiert der Aluminiumhersteller Ressourcen, um jedes Segment zu bedienen, aber hat es die wahrscheinliche Kapitalrendite in den verschiedenen Segmenten berechnet? Und hat es die Segmente priorisiert und seine Ressourcen auf die gewinnbringenderen Segmente konzentriert?

Keine Marktsegmentmanager

Für die wichtigeren Segmente sollten eigene Manager ernannt werden, die befugt sind, ein Budget anzufordern, das ihrer Meinung nach die vom Unternehmen gewünschte Kapitalrendite gewährleistet. Und sie sollten entsprechend entlohnt werden. Doch nicht viele Unternehmen setzen für die wichtigeren Segmente eigene Manager ein.

Lösungen

▶ Setzen Sie moderne Techniken zur Segmentierung ein, zum Beispiel Segmentierung nach Nutzen, Werten und Treue der Kunden.
▶ Priorisieren Sie die wichtigsten Segmente.
▶ Machen Sie Ihr Verkaufspersonal zu Spezialisten.

Notwendig: Bessere Techniken zur Marktsegmentierung

Die meisten Unternehmen können ihren Markt besser segmentieren, als sie es tun. Zu viele hören auf der demografischen oder deskriptiven Ebene auf. Eine demografische Gruppe, zum Beispiel 30- bis 50-jährige Männer, umfasst meist recht unterschiedliche Individuen mit unterschiedlichen Bedürfnissen, Vorlieben und Werten. Zu diesem Schluss kam auch Ford, als es seinen Ford Mustang auf den Markt brachte, mit dem es junge, sportliche Fahrer ansprechen wollte – um dann festzustellen, dass viele Leute aus der eigentlichen Zielgruppe nicht sonderlich interessiert waren, während viele ältere Leute das neue Modell voller Begeisterung kauften.

Beim B2B-Marketing segmentieren Unternehmen die Kunden meist in große, mittlere und kleine Kunden. Doch wenn ich Unternehmenssoftware an kleine Firmen verkaufen will, ist es vermutlich am besten, zunächst zwischen den Bedürfnissen der kleinen Anwaltskanzleien, Steuerberater und Arztpraxen zu differenzieren, mich dann auf eine dieser Gruppen zu konzentrieren und schließlich ihr Lieferant der Wahl zu werden.

Generell sollten Sie als Erstes versuchen, die Angehörigen eines Marktes nach ihren Bedürfnissen oder den angestrebten Vorteilen zu segmentieren. Versuchen Sie dann, demografische Merkmale zu finden, die mit diesen Bedürfnissen und Wünschen korrelieren, um sich die Suche nach potenziellen Kunden zu erleichtern.

Räumen Sie Segmenten Priorität ein!

Nehmen wir an, Ihr Unternehmen hat mehr als ein Segment identifiziert. So verkauft zum Beispiel IBM Großrechner an Unternehmen in zahlreichen Branchen. Das hielt IBM jedoch nicht von der Einsicht ab, dass bestimmte Segmente wesentlich wichtiger sind als andere.

Daraufhin erstellte IBM eine Liste mit zwölf Branchen, darunter Banken, Versicherungen, Hotels, Telekommunikationsfirmen und Transportunternehmen, denen es Priorität einräumte. Und indem IBM seine Forschung auf diese Branchen konzentrierte, konnte es überzeugendere Angebote entwickeln als seine Konkurrenten ohne klaren Fokus.

»Vertikalisieren« Sie Ihr Verkaufspersonal

Wenn die Kundensegmente sehr verschieden sind, sollten Sie spezialisierte Verkaufskräfte haben. IBM stellte schon vor langer Zeit fest, dass ein Verkäufer, der am Morgen ein Computersystem einer Bank verkaufen soll und am Nachmittag einer Hotelkette, nicht viele Abschlüsse erzielt. Er weiß einfach zu wenig über die spezifischen Bedürfnisse von Banken oder Hotels. IBM fand heraus, dass es besser ist, ehemalige Bankmitarbeiter für den Verkauf an Banken einzustellen und ehemalige Hotelangestellte für den Verkauf an Hotels. Sie verfügen über große Erfahrung in ihrer Branche und vermutlich auch über gute Beziehungen – zwei wertvolle Trümpfe im Verkauf.

DuPont stellte ebenfalls fest, wie wichtig es ist, sich nach Kundensegmenten zu organisieren. In seiner Kunstfaserabteilung war das Verkaufspersonal früher entweder für Nylon, Orlon oder Dacron zuständig. Ein Nylonverkäufer musste sich in all den verschiedenen Branchen auskennen, die Nylon kaufen, wie Hersteller von Damenbekleidung, Möbeln, Schiffssegeln, Autoreifen etc. Schließlich organisierte DuPont den Verkauf neu und teilte die

Verkäufer einem bestimmten Kundenmarkt zu, etwa Damenbekleidung, Möbel oder Teppiche. Diese Verkäufer waren dann für alle Kunstfasern zuständig, nicht mehr nur für eine, und konnten die Kunden mit jeder gewünschten Kunstfaser versorgen.

Die Botschaft: Definieren Sie Ihre Segmente sorgfältig, räumen Sie ihnen Priorität ein und ernennen Sie für die wichtigsten Segmente eigene Kundensegmentmanager.

UNZUREICHENDE KUNDENORIENTIERUNG

Was lässt darauf schließen, dass Ihr Unternehmen nicht über die nötige Organisation verfügt, um Ihre Kunden gut zu bedienen und zufrieden zu stellen? Hier sind die Symptome:

Symptome:

- Die meisten Mitarbeiter glauben, es sei die Aufgabe des Marketing und des Verkaufs, die Kunden zufrieden zu stellen.
- Es gibt kein Schulungsprogramm, um eine Kundenkultur zu schaffen.
- Es gibt keine Anreize, um Kunden besonders gut zu behandeln.

Aufgabe des Marketing und des Verkaufs ist es, Kunden zu akquirieren, zu bedienen und zufrieden zu stellen!

Unternehmen finden es praktisch, ihre Mitarbeiter in Abteilungen zu organisieren, die für bestimmte Aufgaben zuständig sind. Eine Wissenschaftlerin verbringt ihre Zeit im Labor, nicht mit den Kunden; ein Produktionsingenieur verbringt seine Zeit in der Fabrik, nicht mit den Kunden; eine Einkäuferin verbringt ihre Zeit mit Verkäufern, nicht mit den Kunden; und Mitarbeiter aus dem Rechnungswesen und der Finanzabteilung verbringen ihre Zeit mit Zahlen, nicht mit den Kunden.

Folglich nehmen die Mitarbeiter dieser Abteilungen natürlich an, dass eine andere Abteilung – Verkauf und Marketing – für die Kunden zuständig ist. Doch wir wissen, dass jede Abteilung der Beziehung zu den Kunden schaden kann. Kunden ärgern sich, wenn das Produkt Mängel aufweist, zu spät geliefert wird oder die Rechnung fehlerhaft ist. In all diesen Fällen verliert das Unternehmen seine Kunden ohne jede Schuld des Marketing.

Es ist nicht nötig, kundenorientiertes Denken zu trainieren

Mitarbeiter anderer Abteilungen im kundenorientierten Denken zu schulen, ist teuer. Passende Kurse müssen entwickelt und Trainer engagiert werden, und die Leute müssen kostbare Zeit von ihren anderen, dringenderen Aufgaben abzwacken.

Es gibt keine Maßstäbe, Anreize oder Sanktionen, um den Kundenservice zu verbessern

Die Leute wissen, wie ihre Leistung in ihren Abteilungen gemessen wird, und sie verhalten sich entsprechend. Wenn es keinen klaren Maßstab gibt, wie sich ihr Verhalten auf die Kunden auswirkt, werden sie über den richtigen Umgang mit Kunden nicht viel nachdenken.

Lösungen:

▶ Entwickeln Sie eine Hierarchie der Unternehmenswerte, an deren Spitze die Kunden stehen.

▶ Ergreifen Sie Maßnahmen, die ein höheres Kundenbewusstsein bei Ihren Mitarbeitern und Partnern bewirken.

▶ Machen Sie es den Kunden leicht, das Unternehmen per Telefon, Fax oder E-Mail zu erreichen, wenn sie Fragen, Anregungen oder Beschwerden haben, und reagieren Sie schnell.

Entwickeln Sie eine Hierarchie der Unternehmenswerte, an deren Spitze die Kunden stehen

Stellen Sie den Topmanagern eines Unternehmens die folgende Frage: »Welche Gruppe sollten Sie vor allem zufrieden stellen?« Viele werden wie aus der Pistole geschossen antworten: »Die Aktionäre. Ihnen gehört das Unternehmen. Sie beurteilen unsere Leistung. Sie beeinflussen unsere Kapitalkosten. Sie tragen das Risiko. Ihre Meinung von uns zeigt sich täglich in unserem Aktienkurs. Wir sind primär den Aktionären verpflichtet und deshalb handeln wir immer in Hinblick auf den Shareholder Value.«

Ich stelle diese Überzeugung in Frage, weil ich der Ansicht bin, dass man den Aktionären einen Bärendienst erweist, wenn man sie über alles andere stellt. Ich schließe mich eher der Rangordnung von Johnson & Johnson an, die da lautet: »Die Kunden kommen zuerst, die Mitarbeiter als Nächstes, und das garantiert den Investoren die besten Ergebnisse.«

Die Hotelkette Marriott reiht ihre Prioritäten ein wenig anders: »Zuerst engagieren und schulen wir die besten Mitarbeiter. Sind die Mitarbeiter zufrieden, werden sie sich mit Begeisterung und Kompetenz um das Wohl der Kunden kümmern. Sind die Kunden zufrieden, werden sie wieder in unsere Hotels kommen. Und das bringt den Investoren den größten Gewinn ein.« Hal Rosenbluth, der eines der größten amerikanischen Reisebüros leitet, teilt diese Ansicht und hat ein ganzes Buch darüber geschrieben. Der provokante Titel: *The Customer Comes Second* (Der Kunde kommt an zweiter Stelle).[1]

Die Hauptaussage ist klar: Unternehmen müssen ihre Kunden und Mitarbeiter hegen und pflegen, denn wenn sie nicht zufrieden sind, kann die Firma gleich zusperren.

Setzen Sie auf Maßnahmen, die ein höheres »Kundenbewusstsein« bewirken

Die Neuorientierung eines Unternehmens zu erreichen ist eine gewaltige Herausforderung. Unternehmen entwickeln tief verwurzelte Kulturen mit fest etablierten Wertordnungen. So wird sich eine technisch orientierte Firma auf die Entwicklung modernster Produkte und der besten Produktionssysteme konzentrieren, um sich im Konkurrenzkampf zu behaupten. Ingenieure gehen davon aus, dass die meisten Kunden sich für die besten Produkte und die niedrigsten Kosten entscheiden werden. Doch das ist eine etwas naive Einschätzung von Kunden, denn die Auffassungen, welches Produkt das beste und welcher Preis angemessen ist, gehen weit auseinander.

Um eine Unternehmenskultur neu auszurichten und die Kunden zum Mittelpunkt des Firmenuniversums zu machen, braucht es eine starke neue Führung. Insofern können wir hier nur einige Maßnahmen vorschlagen:

- *Entwickeln Sie eine klare Hierarchie von Gruppen und Werten.* Wir haben bereits betont, wie wichtig es ist, gegenüber den Mitarbeitern eine eindeutige Rangordnung der Kundengruppen und Werte festzulegen.
- *Zeigen Sie auf, wie sich das Verhalten jedes Mitarbeiters auf die Kunden auswirkt.* Zeigen Sie den Mitarbeitern jeder Abteilung, wie ihre Handlungen die Beziehung zu den Kunden positiv oder negativ beeinflussen können. Erzählen Sie von Fällen, in denen Kunden durch das Verhalten einer Abteilung gewonnen oder verloren wurden. Stellen Sie klar, dass jeder Mitarbeiter für die Kunden zuständig ist: entweder indem er sich

selbst um ihre Zufriedenheit kümmert oder indem er einen Mitarbeiter unterstützt, der dies tut.

- *Informieren Sie die Mitarbeiter regelmäßig über die Kundenzufriedenheit.* Messen Sie die allgemeine Kundenzufriedenheit sowie die Zufriedenheit nach Kundengruppen und nach spezifischen Faktoren (Produkt, Service, Preis etc.). Informieren Sie die verschiedenen Abteilungen regelmäßig über die Ergebnisse, um sie zu einer fortwährenden Verbesserung der Kundenzufriedenheit zu motivieren. Sie können auch einen Bonus auszahlen, wenn die Kundenzufriedenheit steigt oder ein gewisses Maß erreicht. Erwähnen Sie im Zusammenhang mit den Gehaltszahlungen stets, dass die Gehälter von den Kunden bezahlt werden.

- *Starten Sie ein unternehmensweites Schulungsprogramm für Kundenservice und -zufriedenheit.* Das Unternehmen kann kurze Schulungen zum Thema Kundenservice für verschiedene Abteilungen durchführen. Das Ziel besteht darin, die Marke und die Werte des Unternehmens zu definieren und die Mitarbeiter dazu zu bringen, sich damit zu identifizieren. So sind die Mitarbeiter von Wal-Mart entschlossen, Waren zum niedrigstmöglichen Preis anzubieten. Die Angestellten der Hotelkette Ritz-Carlton sind entschlossen, den gastfreundlichsten Service zu bieten. Die Mitarbeiter von Volvo sind entschlossen, die sichersten Autos zu entwickeln. Volvo sah sogar davon ab, ein Navigationssystem (GPS) in seine neuen Modelle einzubauen, weil es gefährlich ist, wenn der Fahrer nicht auf die Straße, sondern auf den Bildschirm sieht. Um dem Image der Marke treu zu bleiben, lehnten es die

Ingenieure zuerst ab, GPS zu installieren, entwickelten dann aber einen Bildschirm, der einfacher und sicherer zu verwenden ist als jeder andere.

- *Sorgen Sie dafür, dass alle Ihre Groß- und Einzelhändler ebenso kundenorientiert sind wie Sie.* Es bringt einem Unternehmen nichts, wenn es selbst kundenorientiert ist, seine Händler aber nicht. Ein Unternehmen muss seine Partner dazu bringen, dieselbe Einstellung zum Kunden an den Tag zu legen. Nur dann werden seine Bemühungen Früchte tragen.

Machen Sie es den Kunden leicht, das Unternehmen zu erreichen

Ich bin jedes Mal frustriert, wenn ich einen führenden Elektronikhändler anrufe, wo ich mir zwei Minuten einen Text auf Band anhören muss und es fast unmöglich ist, einen lebendigen Menschen an den Apparat zu bekommen. Gelingt es mir dann doch und ich frage, ob der Laden ein bestimmtes Produkt führt, erklärt mir die Dame am anderen Ende der Leitung, dass sie nachsehen muss, was wieder drei Minuten dauert, bis ich schließlich erfahre, dass mein Produkt nicht lieferbar ist. Und diese Leute behaupten in ihrer Werbung, sie seien hilfsbereit und freundlich!

Ihr Unternehmen muss es den Kunden ganz leicht machen, Sie per Telefon, Fax oder E-Mail zu erreichen. Darüber hinaus sollten Sie sicherstellen, dass Sie rasch reagieren. Bei Amazon müssen Briefe und E-Mails innerhalb von zwei Tagen beantwortet und Anrufe nach dem vierten Läuten angenommen werden. Die Kosten für diesen Servicelevel sind gering im Vergleich zu den Kosten, die durch den Verlust von Kunden entstehen.

Anmerkung

1 Hal Rosenbluth und Diane McFerrin Peters, *The Customer Comes Second: Put Your People First and Watch 'Em Kick Butt* (HarperBusiness, New York, 2002)

Kapitel 2

IHR UNTERNEHMEN VERSTEHT SEINE ZIELKUNDEN NICHT

Mangelnde Informationen über die Zielkunden

Meine erste Frage lautet: »Wer ist Ihr Zielkunde?« Wenn die Antwort nicht klar ist, besteht die erste Aufgabe darin, im Rahmen eines Gesprächs eine eindeutige Antwort zu finden.

Ist die Antwort klar, bitte ich um eine Kopie der letzten Marktstudie, aus der hervorgeht, wie die Zielkunden des Unternehmens denken, handeln und fühlen. Die schlechteste Antwort ist: »Eine solche Studie haben wir nicht.« Die zweitschlechteste Antwort lautet: »Hier ist sie«, und dann bekommt man eine drei Jahre alte Hardcover-Ausgabe in die Hand gedrückt, die nie geöffnet, geschweige denn gelesen oder angewendet worden ist. Die Kunden von heute können unmöglich genauso denken, handeln und fühlen wie vor drei Jahren. Damals herrschte ein Konjunkturhoch; heute vielleicht eine Rezession. Vielleicht ist sogar fraglich, ob die beste Methode angewandt wurde, um die gewünschten Erkenntnisse über die Zielkunden zu bekommen.

Die Herausforderung ist sogar noch größer: Wie kann Ihr Unternehmen stets die »Stimme des Kunden« hören? Am besten ist es, einen fortwährenden Dialog mit den Kunden zu führen, in ihren Büros, in den Läden, am Telefon und per E-Mail. So erfährt das Unternehmen, was es über seine Kunden wissen muss, und kann entsprechende Angebote, Dienstleistungen und Botschaften für verschiedene Kunden maßschneidern.[1]

Der Verkauf bleibt hinter den Erwartungen zurück

Der Marketingplan eines Unternehmens legt Jahresziele für Umsatz, Kosten und Gewinn fest, die jedes Quartal oder jeden Monat überprüft werden. Bleibt die Performance hinter den Erwartungen zurück, müssen die Gründe gefunden werden. Liegt es an den schlechten wirtschaftlichen Bedingungen, einer ungünstigen Verlagerung der Kundenpräferenzen, einem überlegenen Konkurrenzangebot oder einer falschen Preisgestaltung? Wie soll das Unternehmen seine Strategie und sein Angebot ändern?

Viele Remissionen und Beschwerden

Ein Zeichen, dass ein Unternehmen seine Kunden nicht versteht, sind viele Remissionen und Beschwerden. Zu Remissionen kommt es, wenn das Angebot falsch dargestellt oder schlecht kommuniziert wird. Versandhäuser leiden besonders, wenn sie die Eigenschaften eines Produkts nicht klar definieren und es zurückgeschickt wird.

Beschwerden können viele Gründe haben: Der Kunde findet es schwierig, Informationen zu erhalten; die Rechnung stimmt nicht; ein Mitarbeiter ist unhöflich oder inkompetent. Und es geht nicht nur um den Kunden, der sich beschwert. Er kann zehn Bekannten davon erzählen, die ihrerseits die schlechten Nachrichten über das Unternehmen weiter verbreiten. Deshalb muss ein Unternehmen schnell und angemessen auf Beschwerden reagieren. Untersuchungen haben sogar ergeben, dass Kunden, die auf ihre Beschwerde eine rasche und befriedigende Reaktion erhielten, dem Unternehmen letztendlich treuer waren als Kunden, die sich nie beschwerten![2]

Lösungen:

- ▶ Verbessern Sie Ihre Kundenforschung.
- ▶ Verwenden Sie mehr analytische Techniken.
- ▶ Etablieren Sie Kunden- und Händlerpanels.
- ▶ Installieren Sie Software für Customer Relationship Management und betreiben Sie Data Mining.

Notwendig: mehr und bessere
Kundenforschung

Der jüngste Trend in der Kundenforschung heißt *Customer Insight*. Das Unternehmen, das einen tieferen Einblick (Deutsch für »insight«) in die Bedürfnisse, Wahrnehmungen, Vorlieben und Verhaltensweisen der Kunden gewinnt, hat im Wettbewerb die Nase vorne. Welche Forschungen betreibt Ihr Unternehmen, um *Customer Insight* zu erlangen? Manchmal besteht die beste Forschungsmethode darin, einen fortwährenden Dialog mit den Zielkunden zu führen, einzeln und in Gruppen. Auf diese Weise lassen sich viele Ideen und Einblicke sammeln. Diese Vorgehensweise liefert zwar wertvolle Informationen, ist aber nicht ausreichend. Um zu fundierten Ergebnissen zu gelangen, sind formellere Methoden notwendig, etwa folgende:

- Fokusgruppen
- Befragungen
- Tiefeninterviews
- In-home Research
- In-store Research
- Testkäufe.

Fokusgruppen

Man kann viel lernen, wenn man acht bis zwölf Personen zu einer Diskussion über ein marketingrelevantes Thema einlädt, etwa eine neue Produktidee oder einen neuen Kommunikationsansatz. Die Leitung übernimmt ein qualifizierter Moderator, der Fragen stellt, um Kommentare bittet und dafür sorgt, dass das Gespräch interessant bleibt, sich nicht im Kreis dreht und jeder Teilnehmer seine Meinung äußert.

Ich beobachtete eine solche Fokusgruppe, die Mercedes in Auftrag gegeben hatte, um das Interesse der amerikanischen Konsumenten an dem Modell Smart zu prüfen, einem winzigen, aber pfiffigen Auto, das in Europa sehr populär ist. Doch die meisten Teilnehmer waren skeptisch und meinten, das Auto sehe nicht sicher aus, sei zu teuer und käme für sie höchstens als Drittwagen für kurze Einkaufsfahrten in Frage. Nachdem Mercedes diese Rückmeldung von mehreren Fokusgruppen erhalten hatte, beschloss das Unternehmen, den Smart in den USA nicht auf den Markt zu bringen.

In den meisten Fällen gibt der Einsatz einer oder mehrerer Fokusgruppen Einblick in die Bedürfnisse, Ansichten, Einstellungen und das wahrscheinliche Verhalten der Konsumenten. Ohne eine anschließende statistische Befragung lässt sich jedoch nicht feststellen, wie repräsentativ die Ergebnisse sind.

Befragungen

Bei einer Befragung erstellt ein Marktforscher einen Fragebogen, der an eine repräsentative Personenauswahl aus der Zielgruppe geschickt wird. Auf diese Weise erhält man ein verlässliches Bild von der Einstellung der anvisierten Bevölkerungsgruppe, vorausgesetzt, alle angeschriebenen Personen beantworten die Fragen. Wenn viele der Befragten nicht kooperieren, ist zu hoffen, dass ihre Antworten sich von denen der anderen Teilnehmer nicht signifikant unterscheiden.

Tiefeninterviews

Selbst wenn jeder Teilnehmer den Fragebogen sorgfältig ausfüllt, lässt sich in den meisten Fällen kein tiefer Einblick in die Verbrauchermotivation gewinnen. Denn oft verbergen oder rationalisieren die Befragten ihre wahren Gefühle oder sind sich ihrer nicht bewusst. Deshalb werden Tiefeninterviews eingesetzt, die auf den Erkenntnissen von Freud, Jung oder einem anderen psychologischen Ansatz beruhen und oft projektive Techniken anwenden, um die rationalen Fähigkeiten der Befragten zu umgehen. Doch wie bei den Fokusgruppen lässt sich schwer beurteilen, wie repräsentativ die Ergebnisse für die Bevölkerung sind.

In-home Research

Verhaltensorientierte Forscher beobachten lieber, wie sich Menschen in realen Situationen verhalten, statt ihnen Fragen zu stellen. Eine zunehmend populäre Methode ist deshalb die so genannte In-home Research: Forscher verfolgen mit einer Videokamera das Alltagsleben (kochen, essen etc.) von Familien (die natürlich einverstanden sein müssen). Sie hoffen, auf diese Weise Einblick zu gewinnen, wie die Leute sich zum Beispiel beim Kochen oder Essen verhalten oder was die Wahl ihrer Garderobe bestimmt.

Neben Familien im eigenen Heim beobachten einige Forscher jetzt auch Leute beim Einkaufen in den Läden. Paco Underhill fasste seine Beobachtungen in dem Buch *Why We Buy: The Science of Shopping*[3] zusammen. Darin gibt er die folgenden Tipps, die man bei der Gestaltung des Verkaufsraums beachten sollte, um die Leute zum Kaufen zu animieren:

- *Beachten Sie die »Übergangszone«.* Beim Betreten eines Ladens bewegen sich die meisten Leute noch zu schnell, um positiv auf Zeichen, Waren oder Verkäufer zu reagieren. Erst in der Übergangszone fangen sie an, sich langsamer zu bewegen und Dinge bewusst zu registrieren.
- *Machen Sie die Waren greifbar.* Ein Laden kann die schönsten, billigsten, originellsten Waren führen, aber wenn man sie nicht angreifen oder anprobieren kann, geht ein großer Teil ihres Reizes verloren.
- *Männer fragen nicht.* Männer bewegen sich in Läden normalerweise schneller als Frauen. Sie sind schwer dazu zu bringen, etwas anzusehen, was sie nicht kaufen wollten. Außerdem fragen Männer generell nicht gerne, wo etwas ist. Die meisten würden eher den Laden verlassen, als einen Verkäufer um Auskunft zu bitten.

Testkäufe

Eine dritte verhaltensorientierte Forschungsmethode besteht darin, Leute zu engagieren, die sich als Kunden ausgeben und über das Verhalten des Verkaufspersonals in dem Unternehmen selbst und bei der Konkurrenz berichten. So könnte beispielsweise eine Bank Testkunden beauftragen, ein Konto zu eröffnen. Viele Unternehmen sind überrascht, wenn sie erfahren, wie unfreundlich oder inkompetent ihre Mitarbeiter sind.

Ich gab mich einmal als Gast in einem Pizza Inn aus, bevor ich vor dem Management des Unternehmens eine Rede hielt. Ich war entsetzt, wie lange das Personal brauchte, um meine Bestellung aufzunehmen und meine Pizza zu servieren, und wie schlecht sie schmeckte. Ich berichtete dem Topmanagement von meinen Erfahrungen, das sofort Maßnahmen ergriff, um diese Missstände zu beseitigen.

Verwenden Sie mehr analytische Techniken

Neben dem Sammeln von Rohdaten müssen Unternehmen auch höher entwickelte Instrumente einsetzen, um das Verhalten der Konsumenten richtig einschätzen zu können. Im Folgenden finden Sie einige Beispiele:

Bedürfnisse von Konsumenten

Einen profunden Einblick in die Bedürfnisse von Konsumenten kann man mit Tiefeninterviews gewinnen, bei denen projektive Techniken wie Wortassoziationen, Vollendung von Sätzen und Thematische Apperzeptionstests (TATs) eingesetzt werden. Darüber hinaus verwenden einige Forscher eine *Laddering* genannte Interviewtechnik, bei der sie nach der Erklärung eines Konsumenten mit einer weiteren Frage nachstoßen. So erklärt eine Konsumentin vielleicht, dass sie einen Mercedes gekauft hat, weil er besser konstruiert ist. »Warum ist Ihnen das wichtig?« »Weil ein Auto dann ruhiger fährt.« »Warum ist Ihnen das wichtig?« »Weil ich es gerne komfortabel habe.« »Warum ist Ihnen das wichtig?« »Weil ich mich wichtig fühle und das Beste verdiene.« So gelangen wir von einer einfachen Erklärung zu einer viel tiefer gelegenen Bedeutungsebene, die bei der Motivation der Konsumenten eine wesentliche Rolle spielt.

Wahrnehmungen der Konsumenten

Mit einer Technik, die als *Perceptual Mapping* (Erstellen einer Wahrnehmungslandkarte) bezeichnet wird, kann der Forscher grafisch darstellen, wie Verbraucher verschiedene Marken in Relation zu verschiedenen Attributen wahrnehmen. Nehmen wir an, Konsumenten werden aufgefordert, Automarken nach zwei Kriterien, nämlich Status und Zuverlässigkeit, zu bewerten. Die Untersuchung könnte zeigen, dass der Durchschnittskonsument die Marke Jaguar beim Status hoch, bei der Zuverlässigkeit aber nur mittel bewertet, während er der Marke Toyota beim Status eine mittlere, bei der Zuverlässigkeit aber eine hohe Bewertung gibt. Analysiert man alle Autos nach diesem System, kann man feststellen, welche Autos einer bestimmten Marke am meisten Konkurrenz machen.

Vorlieben von Konsumenten

Um die Vorlieben von Konsumenten einzuschätzen, steht Unternehmen eine Reihe von Techniken zur Verfügung. Zu den einfacheren Methoden zählen Verbraucherbewertungen. Ein komplexeres Verfahren ist die Conjoint-Analyse, bei der Konsumenten ihre Kaufentscheidungen einer hypothetischen Reihe von ausführlich beschriebenen Konzepten zuordnen. Eine Analyse ihrer Kaufentscheidungen offenbart die relative Bedeutung, die Konsumenten jedem Attribut beimessen, woraus das Unternehmen wiederum schließen kann, welches Konzept am erfolgreichsten wäre.

Verbraucherdaten können auch mit Regressions-, Diskriminanz- und Clusteranalysen untersucht werden, die darauf schließen lassen, mit welcher Wahrscheinlichkeit die Konsumenten auf verschiedene Stimuli (Preis, Ausstattung etc.) reagieren werden. *Predictive Analytics* (prognostische Analyseverfahren) werden bei Directmailings eingesetzt, um die potenziellen Kunden auszuwählen, die am ehesten positiv auf ein Angebot reagieren werden.

Ethnografische Forschung

Das Verhalten der Konsumenten ist häufig durch die Überzeugungen, Normen und Werte ihrer sozialen Gruppe bestimmt, ob es nun Teenager der Oberschicht, polnisch-amerikanische Senioren oder Mormonen in Utah sind. Die Instrumente der Sozialanthropologie können viele Aspekte des Konsumverhaltens erklären, die durch normale Befragungen nicht verständlich sind.

Etablieren Sie Kunden- und Händlerpanels

Es könnte für Ihr Unternehmen von Nutzen sein, wenn Sie einige Kunden zu einer Testgruppe zusammenfassen, die regelmäßig zu neuen Ideen und Produkten befragt wird. Die Mitglieder der Testgruppe sind per Post, Fax, E-Mail oder Telefon zu erreichen und bekommen als Gegenleistung Geld oder Waren. Damit hat Ihr Unternehmen eine permanente Fokusgruppe, die so ausgewählt werden sollte, dass sie Ihre Zielkunden repräsentiert. Sie sollten auch Testgruppen mit Händlern und Lieferanten zusammenstellen, um sich über ihre Ansichten auf dem Laufenden zu halten.

Ihr Unternehmen könnte noch einen Schritt weitergehen und einen Online-Chatroom einrichten, wo Kunden und potenzielle Kunden sich austauschen können. Den größten Nutzen hätte das für Unternehmen, deren Kunden große Fans sind – Unternehmen wie Harley Davidson und Apple Computer. Diese Fans tauschen Informationen aus, organisieren Treffen und bauen eine starke Gemeinschaft auf. Ihr Unternehmen gewinnt wertvolle Einblicke, wenn es diese Chats verfolgt. Firmen mit weniger begeisterten Kunden sollten von einem eigenen Chatroom besser absehen. Negative Aussagen über das Unternehmen würden sich durch ein solches Forum nämlich viel schneller verbreiten. Diese Unternehmen sollten die Gespräche in anderen Chatrooms verfolgen, um negative Publicity mitzubekommen und rasch reagieren zu können.

Installieren Sie Software für
Customer Relationship Management
und betreiben Sie Data Mining

Immer mehr Unternehmen sammeln detaillierte Informationen über ihre Kunden – ihre bisherigen Käufe sowie demografische und psychografische Daten –, um sie besser zu verstehen. Von diesen Informationen sind die bisherigen Käufe am aufschlussreichsten, da sie die Präferenzen der Kunden offenbaren. Die bisherigen Käufe eines Kunden können ihn als Käufer der neuesten elektronischen Produkte ausweisen und machen ihn damit zum Zielkunden für das nächste neue elektronische Produkt des Unternehmens. Derartige Kundendaten sind in einem so genannten *Data Warehouse,* einer zentralen Sammelstelle für Informationen, gespeichert. Ein Querschnitt dieser Daten wird in einen *Data Mart* (eine themenspezifische Teilmenge der Daten in einem Data Warehouse) eingegeben und von einem qualifizierten *Data Miner* analysiert. Diese Datenprüfer entdecken oft neue Segmente, die eine neue Geschäftsmöglichkeit für das Unternehmen darstellen können. Oder sie entdecken Trends bei Produkten, Eigenschaften oder Dienstleistungen, die sie auf neue Angebote bringen. Außerdem können sie prüfen, wie zutreffend prognostische Analysen beim Ansprechen potentieller Kunden sind.

Anmerkungen

1 Zitat aus Don Peppers und Martha Rogers, *The One-to-One Future* (Doubleday/Currency, New York, 1993).
2 TAIC Untersuchungen.
3 Paco Underhill, *Why We Buy: The Science of Shopping* (Simon & Schuster, New York, 1999) (dt.: *Warum wir kaufen,* Econ, München, 2000).

Kapitel 3

IHR UNTERNEHMEN MUSS SEINE KONKURRENTEN BESSER DEFINIEREN UND BEOBACHTEN

Sie konzentrieren sich auf die falschen Konkurrenten

Den meisten Unternehmen fällt es leicht, ihre Konkurrenten zu nennen.

McDonald's würde Burger King und Wendy's anführen. Wenn sie etwas weiter denken, würden sie Taco Bell, Pizza Hut und Subway hinzufügen. Und wenn sie noch etwas weiter denken, würden sie auch Supermärkte einschließen, die Fertiggerichte anbieten.

U. S. Steel würde Bethlehem Steel und andere Verbundstahlhersteller nennen und vielleicht sogar Hersteller anderer Stahlarten wie Nucor. Die eigentliche Frage lautet jedoch, ob U. S. Steel dem Vorstoß der Aluminium- und Kunststoffindustrie genug Aufmerksamkeit schenkt. So gehen zum Beispiel Autohersteller dazu über, viele Stahlbauteile durch Kunststoffteile zu ersetzen. Wer würde je darauf kommen, dass die Kunststoffsparte von General Electric ein Konkurrent von U. S. Steel ist?

Sie haben kein System für Informationen über die Konkurrenz

Wie gut ist ein Unternehmen normalerweise über seine Konkurrenten informiert? Wenn Xerox und Sharp um einen großen Auftrag über 1000 Kopierer konkurrieren, wie viel weiß Xerox dann über die Angebotspraktiken von Sharp? Wer bei Xerox sammelt Informationen über die Ziele, Ressourcen, Strategien und Praktiken jedes Konkurrenten? Ist ein eigenes Büro für *Competitive Intelligence* dafür zuständig oder muss ein Verkäufer von Xerox irgendwelche Kollegen aufspüren, die schon erlebt haben, wie Sharp in einem solchen Fall vorgeht?

> **Lösungen:**
>
> ▶ Setzen Sie eine Person oder ein Büro für Competitive Intelligence ein.
> ▶ Werben Sie der Konkurrenz Mitarbeiter ab.

> ▶ Beobachten Sie jede neue
> Technologie, die Ihrem Unternehmen
> schaden könnte.
> ▶ Erstellen Sie ähnliche Angebote wie
> Ihre Konkurrenten.

Setzen Sie eine Person oder ein Büro
für Competitive Intelligence ein

Jedes Unternehmen tut gut daran, eine Person einzusetzen oder ein Büro zu installieren, um Informationen über die Konkurrenz zu sammeln und zu verwalten. Wie ein Bibliothekar, der Neuigkeiten über Mitbewerber im Internet verfolgt und für jeden ein Profil erstellt. Jeder Mitarbeiter des Unternehmens, der mit einem Konkurrenten konfrontiert ist, kann sich bei dieser Stelle informieren, wie der betreffende Mitbewerber denkt und reagiert.

Werben Sie der Konkurrenz Mitarbeiter ab

Ihr Unternehmen sollte in Betracht ziehen, Mitarbeiter der größten Konkurrenten einzustellen. Nicht um sich geheime Informationen zu beschaffen, die anderen Unternehmen gehören (das ist ungesetzlich und wird Ihnen eine Klage einbringen), sondern um herauszufinden, wie der Konkurrent denkt und handelt.

IBM stellte einen jungen Manager von Sun Micro-systems ein und bat ihn nach ein paar Jahren, vor dem Board of Directors in die Rolle von Scott McNealy, dem CEO von Sun, zu schlüpfen und kundzutun, welche Pläne er in Hinblick auf IBM habe. Der ehemalige Sun-Mitarbeiter sah die 13 Boardmitgliedern von IBM an und erklärte unverblümt:

Mein Unternehmen, Sun Microsystems, wird Sie zu-grunde richten! Wir werden Erfolg haben, weil Sie von IBM glauben, dass die Zukunft in den Kisten (Groß-rechnern) liegt. Aber wir sind überzeugt, dass die Zu-kunft im Aufbau von Netzwerken liegt, die diese Kisten verbinden. Die Kisten werden schon bald gewöhnliche Waren sein, aber Netzwerke aufzubauen wird eine hoch spezialisierte Fähigkeit mit einer ordentlichen Gewinn-spanne bleiben.

IBM war zwar verblüfft über seine Direktheit, schenkte seiner Aussage aber keine Beachtung. Kurz danach be-gann für IBM eine lange Phase des Niedergangs. Erst Jahre später erklärte der neue Präsident, Lou Gerstner, IBM zu einem »netzwerkorientierten Unternehmen«. Hätte IBM die Aussage des jungen Mannes nicht ignoriert, wären dem Unternehmen viele magere Jahre erspart geblieben.

Beobachten Sie jede neue Technologie

Vielen Unternehmen droht die größere Gefahr nicht durch einen Konkurrenten, sondern durch eine neue und bessere Technologie. Professor Clayton Christensen von der Universität Harvard nennt das eine disruptive Technologie.[1] Dafür lassen sich viele Beispiele anführen: Die mechanische Addiermaschine machte den Abakus obsolet, der elektronische Rechner löste den Rechenschieber ab. Das Automobil ersetzte die Pferdekutsche. Einige chirurgische Eingriffe wurden durch die Erfindung einer Tablette überflüssig.

Ihr Unternehmen muss jede Technologie im Auge behalten, die das Potenzial hat, sein Grundgeschäft zu verdrängen. Noch besser ist es, diese bedrohlichen Technologien als Investitionsmöglichkeit zu sehen. Wenn Ihr Unternehmen Geld auf diese neuen Technologien setzt, kann es vielleicht seine Zukunft schützen. Unsere Maxime: »Jedes Unternehmen sollte sich selbst auffressen, bevor es jemand anderer tut.«

Es gibt eine Geschichte über den Leiter der Sparte für Vakuumröhren von General Electric, der ins Büro seines Chefs kommt und stolz berichtet, dass er den Absatz um 20 Prozent gesteigert hat. Worauf ihn sein Chef mit den folgenden Worten feuert: »Sie haben den Absatz gesteigert, weil unsere Konkurrenten ausgestiegen sind. Das war einfach. Stattdessen hätten Sie für unseren Einstieg ins Transistorgeschäft sorgen sollen. Sie haben uns fest in der Vergangenheit verankert, statt uns auf die Zukunft vorzubereiten!«

Entwickeln Sie ähnliche Angebote
wie Ihre Konkurrenten

Ihr Unternehmen hat vielleicht eine anerkannte Preisstellung auf dem Markt inne. So positionierte sich Marriott ursprünglich als Hotelkette der gehobenen Mittelpreisklasse. Doch was würde passieren, wenn immer mehr Geschäftsleute eine günstigere Unterkunft suchten? Diese Möglichkeit veranlasste Marriott zur Eröffnung einer Motelkette namens Courtyard für Geschäftsreisende, die kein teures Hotel mit elegantem Restaurant und Konferenzräumen wollten. Das Konzept erwies sich schnell als Erfolg. Dann erkannte Marriott den Bedarf an noch günstigeren Motels für Familien auf Reisen und eröffnete mit den Fairfield Inns eine weitere erfolgreiche Motelkette. In der Folge führte Marriott weitere Hotelkonzepte ein, etwa Residence Inns, Marriott Suites und Marriott Resorts. Marriott positionierte sich also in mehreren Preisklassen und war damit in den einzelnen Segmenten weniger angreifbar.

Eine ähnliche Geschichte gibt es über die österreichische Kristallfirma Swarovski, die unter anderem auch die Steine für Kristalllüster herstellt. Diese Gehänge aus Bleikristall sind die schönsten und teuersten ihrer Art. Irgendwann tauchte ein europäischer Konkurrent auf, der 20 Prozent weniger verlangte, und bald darauf ein ägyptischer Konkurrent, der sogar um 50 Prozent billiger war! Was soll Swarovski nun tun? Am einfachsten wäre es, den Preis zu senken, doch das würde eine drastische Gewinneinbuße bedeuten. Eine bessere Lösung besteht darin, durch die Schaffung eines unverwechselbaren Markenprofils *(pull branding)* die Käufer von Lüstern dazu zu bringen, auf Swarovski-Kristall zu bestehen. Noch besser ist es, Lüsterherstellern oder Hotels zu zeigen, dass sie mit Swarovski-Kristall Zeit und Geld sparen können, weil es nicht so oft gereinigt werden muss oder die Gehänge mit einem von Swarovski patentierten Verfahren schnell und einfach angebracht und abgenommen werden können. Vielleicht ist es die beste Lösung für Swarovski, den europäischen und den ägyptischen Konkurrenten zu kaufen oder auch in der unteren Preisklasse Fuß zu fassen, sodass die Konsumenten bei Swarovski je nach Budget »gutes, besseres oder das beste« Kristall kaufen können. Auch in diesem Fall gilt: »Jedes Unternehmen sollte sich selbst auffressen, bevor es jemand anderer tut.«

Einem Unternehmen sollte bewusst sein, dass es in jedem Markt verschiedene Wert-Preis-Positionierungen gibt:

- Weniger Wert für viel weniger Geld (Southwest Airlines)
- Gleicher Wert für weniger Geld (Wal-Mart)
- Gleicher Wert für das gleiche Geld (Tide)
- Gleicher Wert für mehr Geld (nicht zu empfehlen)
- Mehr Wert für das gleiche Geld (Lexus)
- Mehr Wert für mehr Geld (Mercedes, Häagen-Dazs).

Ich empfehle keinem Unternehmen zu versuchen, alle sechs Ebenen abzudecken. Sears hatte schon Recht, als es Radios auf drei Ebenen anbot: »gut, besser, am besten.«

Anmerkung

1 Clayton M. Christensen, *The Innovator's Dilemma: When New Technologies Cause Great Firms to Fail* (Harvard Business School Press, Boston, 1997).

Kapitel 4

IHR UNTERNEHMEN HAT DIE BEZIEHUNGEN MIT SEINEN STAKEHOLDERN NICHT IM GRIFF

Ihre Mitarbeiter sind nicht zufrieden

Tom Peters, Managementguru und Co-Autor des Buches *In Search of Excellence,* behauptete, er könne in ein Unternehmen gehen und innerhalb von 15 Minuten beurteilen, ob die Mitarbeiter zufrieden sind oder nicht. Ein unzufriedener Mitarbeiter kann in einem Unternehmen viel Schaden anrichten. Typische Symptome für unzufriedene Angestellte sind eine hohe Fluktuationsrate, die mangelhafte Erfüllung von Vorgaben, ausgeprägte Parteibildung und eine negative Einstellung zu anderen Abteilungen.

Sie haben zweitklassige Zulieferer

Bei den Zulieferern gibt es enorme Qualitätsunterschiede. Doch Unternehmen, die hochwertige Waren anbieten möchten, brauchen erstklassige Zulieferer. Die haben aber vielleicht keine Produktionskapazität mehr und können deshalb keine neuen Kunden annehmen. Oder sie beliefern in jeder Branche nur ein Unternehmen. Dann müsste Ihr Unternehmen mit dem zweitbesten Zulieferer zusammenarbeiten, und das könnte Ihre Behauptung, die beste Qualität zu bieten, unglaubwürdig machen.

Ihre Händler lassen viel zu wünschen übrig

Ihr Unternehmen arbeitet mit Groß- und Einzelhändlern zusammen, weil diese Ihre Zielkunden besser erreichen können als Sie selbst. Sie erwarten, dass sie Ihren Produkten Priorität einräumen, selbst wenn sie auch Konkurrenzprodukte führen. Deshalb müssen Sie dafür sorgen, dass die Zusammenarbeit mit Ihnen sich für Ihre Händler lohnt. Sie müssen das Gefühl haben, dass sie mit dem Verkauf Ihrer Produkte mindestens so viel oder mehr gewinnen als mit den anderen Produkten, die sie führen.

Ihre Investoren sind nicht zufrieden

Wie zufrieden Investoren sind, zeigt sich darin, wie lange sie die Aktien Ihres Unternehmens behalten. Ein sinkender Aktienkurs oder höhere Kreditzinsen sind ein schlechtes Zeichen. Sie erhöhen Ihre Kapitalkosten und damit auch Ihre Geschäftskosten, beides Faktoren, die auf weniger Gewinn in der Zukunft hinweisen.

> **Lösungen:**
>
> ▶ Bewegen Sie sich vom Nullsummen- zum Positivsummenspiel.
> ▶ Managen Sie Ihre Mitarbeiter besser.
> ▶ Verbessern Sie die Beziehung zu den Lieferanten.
> ▶ Managen Sie die Beziehung zu den Händlern besser.

Bewegen Sie sich vom Nullsummen- zum Positivsummenspiel

Früher glaubten Geschäftsleute, die Größe des Kuchens sei fix. Ihre Schlussfolgerung: Je weniger sie ihren Partnern – Angestellten, Lieferanten, Händlern – zahlten, desto größer wäre ihr Gewinnanteil. Heute gibt es jedoch immer mehr Beweise, dass Ihre wirtschaftlichen Ergebnisse davon abhängen, wie Sie Ihre Partner behandeln. Fred Reichheld nennt in seinem Buch *Loyalty Rules!* viele erfolgreiche Unternehmen, die ihre Angestellten, Lieferanten und Händler großzügig entlohnen. Auf diese Weise wird der ganze Kuchen größer und damit auch der

Anteil Ihres Unternehmens.[1] Ihr Unternehmen wird bessere und motiviertere Mitarbeiter, Lieferanten und Händler anziehen, die als Team die Konkurrenz übertreffen.

Managen Sie Ihre Mitarbeiter besser

Angestellte arbeiten am besten, wenn sie sorgfältig ausgewählt, gut geschult, richtig motiviert und respektiert werden. Doch viele Firmen stellen einfach scharenweise Leute ein, arbeiten sie kaum oder gar nicht ein, geben ihnen wenig Handlungsspielraum und kritisieren ihre Arbeit häufig. Unter solchen Bedingungen können Mitarbeiter schnell zu Saboteuren werden.

Mitarbeiter sollten erst eingestellt werden, wenn das Topmanagement die Werte, die Vision, die Mission, die Positionierung und die Zielkunden des Unternehmens klar definiert hat. Dann kann es nach den passenden Leuten suchen, sie entsprechend schulen, ihnen Verantwortung übertragen und davon ausgehen, dass sie sich mit der Marke identifizieren werden.

Unternehmen, die in dieser Hinsicht besonders fortschrittlich denken, ändern sogar die Begriffe und sprechen nicht mehr von *Angestellten,* sondern von *Partnern.* Bei Southwest Airlines taufte CEO Herb Kelleher die Personalabteilung in *People Department,* also Menschenabteilung, um.

Es ist ein neues Paradigma für Unternehmen, ihre Angestellten als kreativ und verantwortungsvoll zu sehen. Intelligente Unternehmen betrachten auch die eigene Belegschaft aus der Perspektive des Marketing. Das heißt,

sie sehen ihre Mitarbeiter als Menschen mit unterschiedlichen Bedürfnissen, die es zu beachten gilt. Ich erinnere
mich an ein Krankenhaus, in dem die Fluktuation bei
den Krankenschwestern sehr hoch war, weil bei der Ein-
teilung der Dienste keinerlei Rücksicht darauf genom-
men wurde, ob die Schwestern ledig, verheiratet oder
Mütter waren. Als schließlich ein neuer Krankenhaus-
manager flexible Arbeitszeiten und bessere Arbeitsbedin-
gungen einführte, wurde das Krankenhaus als Arbeit-
geber deutlich attraktiver und konnte kompetente
Schwestern langfristig an sich binden.

Verbessern Sie die Beziehung
zu den Lieferanten

Da die Qualität und Leistung von Zulieferern sehr unterschiedlich sind, sollte ein Unternehmen die besten finden
und sie durch die entsprechende Entlohnung zu Höchst-
leistungen motivieren. Heute tendieren Unternehmen zu
einer immer geringeren Anzahl von Lieferanten. Doch
lange Zeit lief die Zusammenarbeit mit den Zulieferern
so ab: Eine Firma beschäftigt drei Lieferanten in einer
Kategorie und gibt dem Hauptlieferanten 60 Prozent,
dem zweiten 30 Prozent und dem dritten 10 Prozent der
Aufträge. So hält sie alle bei der Stange und lässt sie um
die Aufträge konkurrieren. Inzwischen arbeiten viele
Unternehmen in jeder Kategorie nur noch mit einem
herausragenden Zulieferer zusammen. Die Autoindustrie
geht immer mehr in diese Richtung: Viele Autohersteller
beziehen die Sitze, die Bremsanlage und die Klimaanlage

von jeweils einer Firma. Das Unternehmen und seine Lieferanten sind Partner, die ineinander investieren und gemeinsam bessere Autos entwerfen und herstellen. Diese Art der Zusammenarbeit kann die Qualität, Produktivität und Innovationsfähigkeit des Unternehmens erhöhen und seine Kosten senken.

Managen Sie die Beziehung zu den Händlern besser

Ihr Unternehmen muss die besten Groß- und Einzelhändler finden und als Partner gewinnen. Die Qualität Ihrer Händler hat großen Einfluss auf Ihre Fähigkeit, die Endverbraucher zu erreichen und zufrieden zu stellen. Das Geheimnis besteht darin, die Händler dazu zu bringen, der Beziehung zu Ihnen großen Wert beizumessen und sich für Sie besonders anzustrengen. Dabei hängt viel davon ab, welchen Stellenwert Sie Ihren Händlern geben.

Caterpillar, der weltweit führende Hersteller von Erdbaumaschinen, hat eine beispielhafte Beziehung zu seinen Händlern:

Lokale Händler sind etablierte Mitglieder ihrer Gemeinden und kommen näher an die Kunden heran, als ein globales Unternehmen es je könnte. Doch um das volle Potenzial solcher Händler auszuschöpfen, muss ein Unternehmen eine sehr enge Beziehung zu ihnen aufbauen und sie in seine wichtigsten Geschäftssysteme integrieren. Behandelt man sie auf diese Weise, können Händler als Quelle für Marktinformationen, als Stellvertreter für

Kunden, als Berater und als Problemlöser fungieren. Unsere Händler spielen in fast jedem Bereich unseres Geschäfts eine wesentliche Rolle, einschließlich Produktdesign und Lieferung, Kundenservice und Außendienst und der Verwaltung von Ersatzteilbeständen. Händler können viel mehr sein als ein Kanal zum Kunden.[2]

Das Management von Caterpillar sieht seine Händler als entscheidenden Wettbewerbsvorteil und vermeidet alles, was dem Gefühl der Partnerschaft schaden könnte.

Unternehmen müssen aber nicht nur mit den besten Händlern zusammenarbeiten, sondern sich auch laufend mit ihnen austauschen. Sie sollten Extranets mit ihren Händlern einrichten, die sie für verschiedene Zwecke verwenden können, beispielsweise um die Händler über neue Ideen und Entwicklungen zu informieren und um den Ablauf von Bestellung, Lieferung und Bezahlung zu vereinfachen.

Anmerkungen

1 Frederick F. Reichheld, *Loyalty Rules! How today's Leaders Build Lasting Relationships* (Harvard Business School Press, Boston, 2001).
2 Aussage über Caterpillar.

Kapitel 5

IHR UNTERNEHMEN
IST NICHT GUT
IM AUFSPÜREN NEUER
GESCHÄFTSMÖGLICHKEITEN

Ihr Unternehmen hat kaum neue Möglichkeiten gefunden

Eine interessante Frage für Ihr Unternehmen lautet: »Wie viele neue Produkte und Dienstleistungen haben Sie in den letzten fünf Jahren auf den Markt gebracht?« Die Antworten fallen sehr unterschiedlich aus. Das Unternehmen 3M kann viele neue Produkte anführen. Es legt sogar Wert darauf, 30 Prozent seiner aktuellen Einnahmen mit Produkten zu verdienen, die es in den letzten fünf Jahren eingeführt hat.

Die Antwort von weltweit führenden Unternehmen

wie Coca-Cola und Procter&Gamble (P&G) fällt hingegen weniger rosig aus. Im Fall von Coca-Cola wurden die erfolgreichsten neuen Getränke – Fruchtsäfte, Energydrinks und Wasser – zuerst von der Konkurrenz auf den Markt gebracht. Coca-Cola kopierte diese Produkte oder kaufte die Konkurrenten.

Auch P&G kann sich nicht brüsten, in den letzten fünf Jahren viele erfolgreiche Produkte durch eigene Forschung und Entwicklung herausgebracht zu haben. Zum Ausgleich hat sich P&G auf Akquisitionen verlegt und Unternehmen für Kosmetikprodukte, Toilettenartikel und Lebensmittel gekauft.

Ein Mangel an Innovationen lässt darauf schließen, dass ein Unternehmen entweder nicht imstande ist, systematisch neue Geschäftsmöglichkeiten zu finden, oder in viele neue Möglichkeiten investiert, aber nur zu enttäuschenden Ergebnissen gelangt.

Die meisten Ihrer Initiativen sind gescheitert

Das kann zwei Ursachen haben: Entweder ein Unternehmen setzt auf Geschäftsmöglichkeiten, die von Anfang an wenig Potenzial haben, oder es verpfuscht gute Gelegenheiten in irgendeiner Phase, zum Beispiel bei der Entwicklung oder Prüfung des Konzepts oder des Prototyps, bei der Geschäfts- und Marketingplanung, beim Testmarketing oder bei der Produkteinführung.

Schaffen Sie ein System, um Ihre Partner zu Ideen zu stimulieren

Einige Unternehmen glauben, dass es keine neuen Geschäftsmöglichkeiten gibt. Sie sagen, ihre Branche sei reif. Oder sie behaupten, dass sie eine Ware ohne Potenzial verkaufen. Doch es gibt weder einen reifen Markt noch eine Ware ohne Potenzial. Das einzige Problem ist, dass Ihre Überzeugungen Ihre Phantasie einschränken. Starbucks hatte genug Phantasie, um zu erkennen, dass der Kaffeemarkt nicht reif war.

Jedes Unternehmen kann auf neue Ideen kommen. Erstens haben die Mitarbeiter wahrscheinlich viele Ideen für Verbesserungen. Alles, was sie brauchen, ist eine Stelle, an die sie sich wenden können, und die Motivation, es auch zu tun. Zweitens haben vermutlich auch die Lieferanten, die Händler, die Werbeagentur und andere Partner viele Ideen. Drittens kann man Mitarbeitern systematisch helfen, auf neue Ideen zu kommen.
In einem ausgezeichneten Artikel mit dem Titel »Bringing Silicon Valley Inside Your Company« stellte Gary

Hamel ein Rezept vor, um an gute Ideen heranzukommen.[1] Er sagte, Silicon Valley sei so erfolgreich, weil es der Standort von drei Märkten sei: einem Ideenmarkt, einem Kapitalmarkt und einem Talentmarkt. Viele kreative Leute mit Unternehmergeist strömten mit neuen Ideen, besonders für Dot.coms, ins Valley. Darüber hinaus gab es jede Menge Risikokapitalgeber, die Leuten mit guten Ideen Geld liehen. Und das Valley zog talentierte Leute an, die Software entwickeln und Ideen implementieren konnten.

Das heißt, dass Unternehmen das Phänomen von Silicon Valley nachahmen müssen. Ein Unternehmen sollte neuen Ideen großen Wert beimessen und dafür sorgen, dass sie gesammelt und ausgewertet werden. Für die besseren Ideen sollte ein internes Budget zur Verfügung stehen, um die nötige Forschung und Entwicklung zu finanzieren. Für die besten Ideen sollten dann die Mitarbeiter mit den richtigen Talenten abgestellt werden, die sich um die Entwicklung und Markteinführung kümmern.

Um den Ideenfluss zu lenken, sollte ein Unternehmen einen hochrangigen Manager zum Ideenkapitän ernennen. Er sollte einem Ideenkomitee mit Vertretern aller wichtigen Abteilungen vorstehen. Jeder im Unternehmen und in den Partnerunternehmen sollte den Namen, die Adresse und die E-Mail-Adresse dieses Komitees kennen und ermuntert werden, Ideen dorthin zu schicken. Das Ideenkomitee sollte alle paar Wochen tagen, um die eingegangenen Ideen zu evaluieren und in drei Kategorien zu ordnen: schlechte, gute und großartige. Die Letzteren werden verschiedenen Komiteemitgliedern zugewiesen, die einen Bericht darüber verfassen. Ist dieser Bericht positiv, sollte ein gewisser Betrag für Forschung und Entwicklung bereitgestellt werden. Ideen, die danach immer noch vielversprechend aussehen, durchlaufen weitere Entwicklungsphasen, bis das Unternehmen sie entweder fallen lässt oder auf den Markt bringt.

Jeder, der eine Idee einbringt, wird über ihr Schicksal informiert. Damit würde man die Ansicht vermeiden, das Komitee sei an Ideen nicht interessiert. Die besten Ideen, die auch erfolgreich umgesetzt werden, sollten dem Urheber Anerkennung in Form von Geld, Urlaub oder irgendeiner anderen konkreten Belohnung einbringen. So zahlt Kodak jedes Jahr den Mitarbeitern, die zu den besten Gewinn bringenden oder Kosten sparenden Ideen beigetragen haben, 10 000 US-Dollar. Ein anderes Unternehmen gibt 10 Prozent der Einsparungen oder des zusätzlichen Gewinns an den Ideenlieferanten weiter.

Etablieren Sie Kreativitätssysteme, um neue Ideen hervorzubringen

Viele der besten Ideen entstehen, wenn man wichtige Veränderungen im Umfeld des Marktes beobachtet. Dieses Marktumfeld setzt sich aus den folgenden Elementen zusammen: Politik, Wirtschaft, Gesellschaft, Technologie und Umwelt. Hier sind Ideen, die aus der Beobachtung von Trends in jedem dieser Bereiche entstanden:

- *Politik:* Ein Unternehmen beobachtet, wie schwierig es ist, mit Stimmzetteln Wahlen durchzuführen, und erfindet eine narrensichere elektronische Wahlmaschine.
- *Wirtschaft:* Ein Unternehmen bemerkt die hohen Ho-

telpreise in Tokio und eröffnet ein Hotel, das zu günstigen Preisen Kojen statt Zimmer vermietet.

- *Gesellschaft:* Einem Unternehmen fällt auf, wie schwierig es für Singles ist, neue Leute zu treffen, und richtet eine Kontaktbörse im Internet ein.
- *Technologie:* Ein Unternehmen erfindet eine elektronische Tafel für Manager, auf der sie handschriftliche Notizen machen können, die digitalisiert werden.
- *Umwelt:* Ein Unternehmen kämpft gegen die hohen Energiekosten, indem es Windmühlen baut, um Strom zu gewinnen.

Um Ideen zu stimulieren, können Unternehmen ebenfalls Kreativitätstechniken für Einzelpersonen oder Gruppen einsetzen. Zu den Gruppentechniken gehören zum Beispiel Brainstorming und Synetics.[2]

Die meisten Unternehmen beginnen die Suche nach neuen Ideen bei ihren bestehenden Produkten und variieren sie in irgendeiner Weise. So wird ein Hersteller von Frühstücksflocken vielleicht Rosinen oder Nüsse oder mehr oder weniger Zucker hinzufügen, andere Getreidesorten wie Weizen, Hafer oder Gerste verwenden, die Packungsgröße oder den Markennamen ändern, usw. Das führt zu einer Erweiterung der Produktlinie oder Marke. Die Konkurrenz tut dasselbe, sodass das Frühstücksflockenregal im Supermarkt zwar immer länger wird, aber nicht mehr Gewinn abwirft. Jede Produktvariante zieht eine kleinere Zahl von Konsumenten an, die dafür bei den ursprünglichen Produkten wegfallen. Unter dem Strich bringen die neuen Produkte wenig Umsatz und die alten weniger als früher.

Wir nennen das *vertikales Marketing* und die Techniken sind zahlreich:

- *Abwandlung*
  Der Fruchtsafthersteller variiert den Zuckergehalt, das Fruchtkonzentrat, setzt Vitamine zu …
- *Größe*
  Kartoffelchips gibt es in Packungen zu 35 Gramm, 50 Gramm, 75 Gramm, 125 Gramm, 200 Gramm, in Familienpackungen …
- *Verpackung*
  Nestlé bietet seine Schokotäfelchen in verschiedenen Behältern an: billige Papierschachteln für den Lebensmittelladen, dekorierte Metallboxen für den Geschenkhandel …
- *Design*
  BMW entwirft Autos mit unterschiedlichem Styling und verschiedenen Features …
- *Zusätze*
  Kekse mit Zimt, mit Schokolade, mit weißer Schokolade, mit dunkler Schokolade, gefüllte Kekse, Kekse, die mit Zucker bestreut sind …
- *Vielfalt der Kanäle*
  Charles Schwab bietet verschiedene Kanäle für Transaktionen wie Einzelhandelsläden, Telefon, Internet …

Das Hauptproblem bei vertikalem Marketing besteht darin, dass es zu einem übermäßig fragmentierten Markt führt, auf dem nur wenige Produkte das nötige Volumen haben, um viel Geld einzubringen.

Unternehmen müssen auf einen anderen Prozess zur Hervorbringung von Ideen setzen, den wir *laterales Mar-*

keting nennen.[3] Laterales Marketing bedeutet, dass Sie Ihr Produkt in Zusammenhang mit einem anderen Produkt, einer Dienstleistung oder einer Idee bringen. Sie nehmen eine zweite Kategorie hinzu, anstatt die bestehende immer weiter zu unterteilen. So könnte der Frühstücksflockenhersteller das Produkt »Frühstücksflocken« mit dem Produkt »Snacks« verbinden. Statt lose Frühstücksflocken in eine Schachtel zu füllen, verarbeitet er sie zu einem Riegel, den man in die Tasche stecken und jederzeit essen kann. Das Unternehmen könnte sein neues Produkt Fitnessriegel nennen. Plötzlich können die Leute Frühstücksflocken zu jeder Tageszeit in einer praktischen Form konsumieren.

Hier sind weitere Erfolgsstorys, die durch laterales Marketing ermöglicht wurden:

- Tankstelle + Lebensmittelladen = Tankstellenshop
- Café + Computer = Cybercafé
- Schokolade + Spielzeug = Kinderüberraschungsei
- Puppe + Teenager = Barbiepuppe
- Kassette + Tragbarkeit = Walkman
- Spende + Adoption = Patenschaft für ein Kind
- Blumen + Haltbarkeit = Kunstblumen

Das laterale Marketingkonzept hat das Potenzial, neue Produktkategorien, neue Märkte oder neue Marketingmixe hervorzubringen. Diese werden auch dringend gebraucht, da sich ein Produkt nur begrenzt variieren lässt. Ein Unternehmen muss sowohl vertikales als auch laterales Marketing praktizieren, um innovativ zu sein.

Anmerkungen

1 Gary Hamel, »*Bringing Silicon Valley Inside Your Company*«, in: Harvard Business Review, September–October 1999, S. 71–84.

2 Siehe dazu zum Beispiel James M. Higgins, *101 Creative Problem Solving Techniques* (New Management Publishing Company, Winter Park, 1994).

3 Philip Kotler und Fernando Trias de Bes, *Lateral Marketing: A New Approach to Finding Breakthrough Ideas* (John Wiley & Sons, Hoboken, 2003).

Kapitel 6

DIE MARKETINGPLANUNG IHRES UNTERNEHMENS FUNKTIONIERT NICHT

Ihrem Marketingplan fehlt es an wichtigen Bestandteilen oder an Logik

Man muss nur ein Unternehmen nach seinen jüngsten Marketingplänen fragen, um zu sehen, wie schlecht die Marketingplanung funktioniert. Marketingpläne enthalten meist jede Menge Zahlen, Budgets und Werbung. Doch nach klaren und überzeugenden Aussagen über Ziele, Strategie und Taktik sucht man vergeblich. Selbst wenn die Ziele klar sind, gibt es vielleicht keine überzeugende Strategie. Oder die Taktik ist zwar beschrieben, steht aber in keinem Zusammenhang mit der Strategie. Bitten Sie ein Unternehmen um den Plan des letzten Jahres und den Plan dieses Jahres für das gleiche Produkt. Ich wette, dass Strategie und Taktik gleich sind. Das heißt, der jüngste Plan entspricht mehr oder weniger 1 : 1 dem vorhergehenden. Er enthält keine neuen Ansätze. Der Planer ist mit der Beibehaltung des älteren Plans auf Nummer sicher gegangen. Er hat die neuen Marktbedingungen, die Notwendigkeit einer neuen Strategie und die geänderte Wirksamkeit bestimmter Marketinginstrumente einfach ignoriert.

Ihr Plan gestattet keine finanzielle Simulation

Vielleicht ist es mit der verwendeten Planungssoftware nicht möglich, die Auswirkungen alternativer Strategien zu simulieren. Es ist nicht genug, zwei Strategien zu beschreiben und die jeweiligen Umsatz- und Gewinnergebnisse zu kalkulieren. Der Plan muss Umsatzreaktions- und Kostenfunktionen umfassen, mit denen sich einschätzen lässt, wie sich jede Kombination von Veränderungen bei Produkteigenschaften, Preis, Werbung, Verkaufsförderung und Größe des Verkaufspersonals auswirkt.

Ihr Plan berücksichtigt keine Alternativen

Jeder Plan beruht auf einer Reihe von Annahmen über das Marktumfeld, das Verhalten der Konkurrenz und die

Kosten. Umfasst Ihr Plan alternative Szenarien und Ihre Reaktion darauf? Angenommen, es gibt plötzlich eine Rezession. Haben Sie sich vorher überlegt, wie Sie Ihren Plan in einem solchen Fall ändern würden?

Lösungen:

► Legen Sie ein Standardplanformat fest, das eine Situationsanalyse, eine Analyse der Schwächen, Stärken, Chancen und Risiken (SWOT-Analyse), die Hauptprobleme, Ziele, Strategie, Taktik, Budgets und Kontrollen enthält.

► Fragen Sie die Marketingabteilung, welche Änderungen sie vornehmen würde, wenn sie 20 Prozent mehr oder weniger Budget zur Verfügung hätte.

► Vergeben Sie jedes Jahr Marketingpreise für die besten Pläne und die beste Performance.

Legen Sie eine klare Abfolge der Plankomponenten fest

Ein Marketingplan sollte die folgenden Komponenten miteinander verknüpfen: Situationsanalyse; SWOT-Analyse (Stärken/Schwächen, Chancen/Risiken); Hauptprobleme; Ziele; Strategie; Taktik; Budgets; Kontrollen. Stellen Sie sicher, dass jeder Schritt logisch aus dem vorherigen folgt. Die Situationsanalyse führt zur Identifikation der größten Stärken, Schwächen, Chancen und Risiken des Unternehmens. Das wiederum führt zur Festlegung der richtigen Ziele. Nun wird eine Strategie entwickelt, die die Erreichung dieser Ziele verspricht. Als Nächstes wird die Taktik entwickelt, die zur Umsetzung der Strategie notwendig ist. Die Taktik verursacht Kosten, die das Budget bestimmen. Und mit den Kontrollen wird geprüft, ob der Plan zu den Zielen führt oder zwischendurch Änderungen erforderlich sind.

Notwendig: die Erstellung flexibler Budgets

Die Unternehmensführung gibt den Managern normalerweise hoch gesteckte Ziele, so genannte Stretch Goals, vor (zum Beispiel: »Steigern Sie Ihren Umsatz in diesem Jahr um 10 Prozent!«). Insofern ist es nicht überraschend, dass Manager eine zehnprozentige Erhöhung ihres Budgets verlangen. Doch die Unternehmensführung lehnt die Forderung vielleicht ab und weist ihre Manager an, ihren Umsatz auch ohne Budgeterhöhung um 10 Prozent zu steigern.

Ein besseres System wäre die *flexible Budgetierung*. Die Unternehmensführung sollte ihre Manager fragen, was sie mit 20 Prozent mehr Geld erreichen könnten. Jeder Manager müsste erklären, wofür er das zusätzliche Geld verwenden und um wie viel er Umsatz und Gewinn damit steigern würde. Manager, die behaupten, ihren

Umsatz und Gewinn um mehr als 20 Prozent erhöhen zu können, sollten 20 Prozent mehr Budget bekommen, wenn ihre Argumentation glaubwürdig ist.

Die Unternehmensführung sollte dieselben Manager fragen, was mit ihrem Umsatz passieren würde, wenn das Unternehmen zu einer Kürzung ihres Budgets um 20 Prozent gezwungen wäre. Einige Manager werden vielleicht in Panik geraten und erklären, dass ihr Umsatz einbrechen wird. Andere werden hingegen einen bescheidenen Rückgang ihres Umsatzes prognostizieren.

Diese Informationen können verwendet werden, um das Geld des Unternehmens jenen zuzuteilen, die glauben, aus den zusätzlichen Mitteln am meisten herausholen zu können. Und das Budget sollte für jene Manager weniger gekürzt werden, die glauben, dass ihr Umsatz am meisten darunter leiden würde.

Die flexible Budgetierung hängt davon ab, wie glaubwürdig die Prognosen der einzelnen Manager sind. Anfänglich werden die Manager vielleicht übertreiben. Doch sie werden für die vorhergesagten Ergebnisse zur Rechenschaft gezogen. Nach mehrmaligem Einsatz des Systems zeigt sich, welche Manager kompetente Prognosen abgeben und welche nicht glaubwürdig sind.

Zeichnen Sie die besten Pläne am Ende des Jahres aus

Jede Abteilung sollte jene Mitarbeiter, die in ihrem Kompetenzbereich die besten Beiträge geliefert haben, gebührend feiern. Die Marketingabteilung sollte jedes Jahr die besten Marketingpläne auszeichnen, wobei für die Wertung erstklassiges Denken und Erfolg auf dem Markt ausschlaggebend sind. Unternehmen wie Becton-Dickensen und DuPont vergeben jedes Jahr eine Auszeichnung für den besten Marketingplan. Die Gewinnerteams sind nicht nur stolz und bekommen zusätzliche Urlaubstage oder Geld, die Siegerpläne werden auch an die anderen Marketingmanager verteilt, um den Standard für die Marketingplanung und -implementierung zu heben.

Kapitel 7

DIE PRODUKT- UND SERVICEPOLITIK IHRES UNTERNEHMENS MUSS VERBESSERT WERDEN

- Das Unternehmen hat zu viele Produkte, von denen viele verlustbringend sind.
- Das Unternehmen bietet zu viele Dienstleistungen gratis an.
- Das Unternehmen ist schlecht im Cross-Selling seiner Produkte und Dienstleistungen.

Zu viele Produkte, die keinen Gewinn abwerfen

Große Unternehmen entdecken zunehmend, dass ein geringer Prozentsatz ihrer Produkte einen großen Anteil ihres Gewinns ausmacht. Dieses Problem ergibt sich aus dem Umstand, dass es relativ einfach ist, neue Marken oder Produktlinien und Markenerweiterungen auf den Markt zu bringen. Unternehmen können Produkte lancieren, indem sie verschiedene Packungsgrößen, Zutaten oder Geschmacksrichtungen kreieren, alles mit dem Argument, mehr Regalfläche zu beanspruchen oder die unterschiedlichsten Geschmackswünsche der Kunden zu befriedigen. Unternehmen sind viel eher geneigt, Produkte in ihr Sortiment aufzunehmen, als sie wieder einzustellen. Die Produktpalette wächst und enthält schließlich viele Nieten. Am Ende wacht das Unternehmen auf und gibt in seiner Verzweiflung etliche Produkte auf, um seine Produktlinie zu straffen und seine Rentabilität zu erhöhen. Doch der Wildwuchs an Produkten beginnt schon bald aufs Neue.

Zu viele Dienstleistungen werden gratis angeboten

Unternehmen haben bisher weniger über ihre Dienstleistungen rund um ein Produkt nachgedacht als über die Produkte selbst. Um Geschäfte abzuschließen, verspricht das Verkaufspersonal eine Reihe von Gratis-Dienstleistungen: Lieferung, Installation, Schulung. Dies geschieht, obwohl diese Dienstleistungen Kosten verursachen. Gratis-Dienstleistungen schaffen zwei Probleme. Erstens neigen die Kunden dazu, diese Dienstleistungen wenig zu schätzen, selbst wenn sie sie in Anspruch nehmen. Zweitens könnten einige Dienstleistungen eine separate Einnahmequelle darstellen, die verloren geht, wenn sie gratis angeboten werden. Die Herausforderung besteht darin zu entscheiden, welche Dienstleistungen gratis sein und welche wie teuer verkauft werden sollten.

Zu wenig Cross-Selling

Unternehmen, die eine ganze Palette an Produkten und Dienstleistungen anbieten, sind oft schlecht darin, dem Kunden mehr zu verkaufen als das, was er verlangt hat. Ein Käufer erwirbt so vielleicht von einem Händler ein Auto und geht woanders hin, um es zu versichern und einen Kredit aufzunehmen. Ein Kunde, der einen Anzug kauft, wird vom Verkäufer vielleicht nicht zu den Hemden, Krawatten und Schuhen geführt, die den Anzug noch besser betonen würden. Ein Kunde, der ein Girokonto eröffnet, wird vielleicht nicht über die anderen Finanzprodukte der Bank informiert, wie etwa Sparkonten, Ausbildungs- oder Wohnbaukredite.

Lösungen:

- ▶ Das Unternehmen muss ein System einrichten, um schwache Produkte auszufiltern, sie zu verbessern oder aufzugeben.
- ▶ Das Unternehmen sollte Dienstleistungen auf unterschiedlichem Niveau und zu unterschiedlichen Preisen anbieten.
- ▶ Das Unternehmen sollte die Abläufe im Cross-Selling und Up-Selling verbessern.

Richten Sie ein Filter- und Bewertungssystem für Produkte ein

Vor vielen Jahren schlug ich ein Filter- und Bewertungssystem vor, mit dem ein Unternehmen seine starken von seinen schwachen Produkten unterscheiden und demnach entscheiden kann, welche aufgegeben werden sollen.[1] Angesichts der explosionsartigen Zunahme von Produktvarianten und der Tatsache, dass viele davon Verlust bringend sind, brauchen die Unternehmen ein solches System heute dringender denn je.

1999 stellte Unilever fest, dass 50 ihrer 1600 Marken – oder 3 Prozent – 63 Prozent ihrer Einnahmen erwirtschafteten.[2] Unilever identifizierte daraufhin ihre 400 stärksten Marken und bezeichnete sie als Kernmarken oder Power-Brands. Dies waren ihre Zugpferde, die das Potenzial hatten, noch mehr Verkauf und Gewinn einzufahren, wenn sie finanzielle Mittel erhielten. Es handelte sich um Marken wie Knorr, Dove, Lipton, Hellman's, die einen Ausbau von Linie, Marke und Vertriebskanälen sowie eine weitere geografische Verbreitung tragen konnten. Die Zahl der anderen 1200 Marken wurde durch Verkauf, Aufgabe oder Zusammenlegung reduziert. Schließlich verkaufte Unilever weniger Marken, aber machte mehr Geld. Diese Neubesinnung auf Power-Brands findet auch bei P&G, Nestlé, Heinz und einigen anderen Unternehmen statt.

Entscheiden Sie, welche Dienstleistungen Sie entgeltlich und welche Sie unentgeltlich anbieten

In Bezug auf das Serviceangebot eines Unternehmens (zum Beispiel Installation, Schulung, Lieferung) müssen zwei Situationen vermieden werden. Erstens, dass das Unternehmen Dienstleistungen gratis anbietet, die die Kunden in Anspruch nehmen, aber nicht schätzen oder nicht einmal benutzen. Damit verschwendet das Unternehmen Geld für Dienstleistungen, deren Wert nicht erkannt wird. Zweitens darf das Unternehmen keine Produkte gratis anbieten, für die Kunden zu zahlen bereit wären. Eine Lösung wäre, dass das Unternehmen verschiedene Kundensegmente unterscheidet, von denen einige für den Service bezahlen müssen, während er für andere gratis ist.

Verbessern Sie die Abläufe im Cross-Selling und Up-Selling

Es gibt eine Reihe von Gründen, weshalb Verkäufer davor zurückschrecken, auf die anderen Produkte ihres Unternehmens aufmerksam zu machen. Sie mögen froh über den Verkauf ihres Produkts sein und wollen nicht aufdringlich erscheinen. Vielleicht glauben sie auch, dass die Qualität der anderen Produkte nicht hoch genug ist, um den Kunden zufrieden zu stellen.

Dasselbe Problem tritt auch in freien Berufen auf. Ein Wirtschaftsprüfer empfiehlt seinem Klienten vielleicht nicht die Managementberatung der Kanzlei, da er nicht riskieren möchte, dass der Klient von diesem anderen Team einen schlechten Service erhält. Einige Rechtsanwälte werden die anderen Rechtsdienste ihrer eigenen Kanzlei nicht empfehlen, da sie von ihren Anwaltskollegen keine gute Meinung haben und ohnedies nichts dafür bekommen. Eine Verkäuferin in einem Kaufhaus, die einem Kunden ein Hemd verkauft, ist vielleicht nicht motiviert, ihm noch andere Dinge anzubieten, da sie ein fixes Gehalt erhält. Der Kunde fragte nach einem Hemd. Warum soll sie sich anstrengen?

Es zeigt sich deutlich, dass ein Unternehmen mit einer großen Produktpalette seine Mitarbeiter schulen und ihnen Anreize bieten muss, damit sie auf andere Produkte aufmerksam machen, die den Käufer interessieren könnten.

Mit dem Begriff Up-Selling verbindet man zwei Dinge. Einerseits, die Kunden dazu zu bringen, eine teurere Version des Produkts zu kaufen, das sie ursprünglich haben wollten. Die Kundin wollte eine einfache Digitalkamera kaufen und verlässt am Ende mit einer Sony Cyber-shot DSCF717 für 999 US-Dollar das Geschäft. Andererseits bedeutet Up-Selling, einige Jahre nach einem Kauf an die Kunden heranzutreten und vorzuschlagen, dass es an der Zeit sei, das alte Produkt durch ein viel besseres zu ersetzen. Der Händler kann sogar eine Rückkaufprämie anbieten. Mitarbeiter benötigen bessere Fertigkeiten sowohl im Cross-Selling als auch im Up-Selling.

Anmerkungen

1 Philip Kotler, »Phasing Out Weak Products«, *Harvard Business Review* (March-April 1965), S. 107–118.
2 Marketing Leadership Council, *Stewarding the Brand for Profitable Growth* (Washington D. C., Corporate Executive Board, December 2001), S. 179.

Kapitel 8

DER MARKENAUFBAU UND DIE KOMMUNIKATION IHRES UNTERNEHMENS SIND MANGELHAFT

Ihr Zielmarkt kennt Sie nicht

Ein Unternehmen kann leicht beurteilen, wie effektiv seine Kommunikation ist, indem es seine Zielkunden befragt, ob sie es kennen und was sie von ihm halten. Im schlechtesten Fall hat das Unternehmen viel investiert, um für seinen Namen und sein Angebot zu werben, doch viele Zielkunden haben entweder nie davon gehört oder wissen nur sehr wenig darüber. Weniger schlimm, aber immer noch beunruhigend ist es, wenn die Zielkunden weniger über das Unternehmen wissen, als sie sollten, und sich sogar eine falsche Meinung gebildet haben.

Ihre Marke sieht aus wie alle anderen

Selbst wenn ein Unternehmen herausfindet, dass die Konsumenten recht gut über sein Angebot Bescheid wissen, muss es vielleicht feststellen, dass sie wenig Unterschied zwischen seinem Angebot und dem der Konkurrenz sehen. Stellen Sie den Kunden folgende Frage: »Wenn alle Marken gleich viel kosten würden, welche würden Sie dann kaufen?« Bekommen Sie oft die Antwort: »Irgendeine«, oder »Ich habe keine Präferenz«, ist das kein gutes Zeichen. Oder Sie fragen: »Was unterscheidet die Marken voneinander?« Können die Konsumenten keine Unterschiede anführen, ist das ebenfalls ein schlechtes Zeichen.

Sie verteilen Ihr Promotionbudget jedes Jahr sehr ähnlich

Wenn wir uns ansehen, wie das Verkaufsförderungsbudget auf die wichtigsten Kommunikationskategorien wie Werbung, Verkaufsförderung, Directmail und E-Mail verteilt wird, stellen wir sehr oft fest, dass die Aufteilung über Jahre gleich bleibt. Ein Grund besteht darin, dass sich mit der ursprünglichen Zuteilung gewisse Gruppen, Beziehungen und Erwartungen etabliert haben, die sich schwer ändern lassen. Dennoch wissen wir, dass sich die Produktivität verschiedener Kommunikationsinstrumente und -kanäle mit der Zeit ändert. Wenn das Unternehmen dies bei der Verteilung seiner Mittel nicht berücksichtigt, wird seine Marketingproduktivität unweigerlich sinken.

Sie evaluieren die finanziellen Auswirkungen Ihrer Investitionen nicht

Die meisten Marketingmanager denken in Absatzzahlen und nicht in Gewinnzahlen. Selbst eine Absatzprognose im Zusammenhang mit irgendeiner Marketingausgabe wird nur zögernd abgegeben und vermutlich recht vage ausfallen. Und um die Auswirkungen auf den Gewinn abzuschätzen, ist ein finanzielles Fachwissen erforderlich, das Marketingleute zumeist nicht mitbringen.

Ein Grund dafür ist, dass im Marketing eher Leute arbeiten, die gerne mit Menschen zu tun haben und nicht mit Zahlen. Wenn jemand Zahlen liebt, ist er vermutlich im Finanzwesen oder in der Buchhaltung tätig. Außerdem sind finanzielle Prognosen für Marketingausgaben schwieriger zu erstellen als für Investitionsgüter oder andere Ausgaben.

Lösungen:

▶ **Verbessern Sie Ihre Strategien für den Markenaufbau und die Messung Ihrer Ergebnisse.**

> ► Investieren Sie in effektivere Marketing-
> instrumente.
> ► Fördern Sie das finanzielle Bewusst-
> sein der Marketingmanager und
> verlangen Sie, dass sie die Auswirkung
> ihrer Ausgaben auf den RoI
> einschätzen.

Verbessern Sie Ihre Strategien
für den Markenaufbau und messen Sie
die Wirkung auf Ihr Markenkapital

Jedes Unternehmen möchte eine starke Marke aufbauen. Die Interbrand Corporation verwendet eine Bewertungsmethode für Markenkapital, laut der die Marke Coca-Cola, abgesehen von den physischen Vermögenswerten des Unternehmens, im Jahr 2003 beachtliche 70 Milliarden US-Dollar wert war.[1] Auf der Liste der zehn wertvollsten Marken kommen nach Coca-Cola: Microsoft (65 Milliarden US-Dollar), IBM (52 Milliarden US-Dollar), General Electric (42 Milliarden US-Dollar), Intel (31 Milliarden US-Dollar), Nokia (29 Milliarden US-Dollar), Disney (28 Milliarden US-Dollar), McDonald's (25 Milliarden US-Dollar), Marlboro (22 Milliarden US-Dollar) und Mercedes (21 Milliarden US-Dollar).

Obwohl Interbrand seine Bewertungsmethode für Markenkapital genau erklärt, ziehen Professor Tim Ambler und andere diese und ähnliche Methoden zur Bewertung des Markenkapitals in Zweifel.[2] Sie sind der Meinung, dass sich der Wert einer Marke nur feststellen lässt, wenn es Käufer gibt, die ein konkretes Angebot für den Markennamen machen. Und derartige Angebote werden sich vermutlich stark unterscheiden. Doch selbst wenn eine Marke zum Beispiel um das Vierfache des Buchwerts verkauft wird, bleibt die Frage offen, ob das tatsächlich dem Wert der Marke entspricht.

Statt die Marke zu bewerten, schlägt Ambler vor, ausgewählte Maßstäbe zu beobachten, die mit dem Markenkapital steigen oder sinken. Wenn die Marke eine höhere Prämie als im Vorjahr abwirft, ist das ein gutes Zeichen. Wenn der Marktanteil der Marke steigt, ist das ein gutes Zeichen. Wenn Zielkunden sagen, dass sie die Marke höher bewerten als Konkurrenzmarken, ist das ein gutes Zeichen. Jedes Unternehmen muss die Marktmaßstäbe bestimmen, die auf ein Ansteigen oder Absinken seines Markenkapitals schließen lassen.

Wie können Unternehmen ihr Markenkapital stärken? Zu viele Marketingleute glauben, Werbung sei das Zaubermittel. Schließlich hat Werbung den Zweck, das Bewusstsein, das Wissen und das Interesse der Konsumenten zu vergrößern und sie dazu zu bringen, die Marke anderen vorzuziehen. Doch eine Marke wird auch durch viele Kommunikationsinstrumente aufgebaut, durch die Qualität des Produkts und seine Verpackung, durch die Zuverlässigkeit der Lieferung und Abrechnung und durch viele andere Faktoren. Zu den Kommunikationsinstrumenten, die den Markeneindruck beeinflussen, sowohl positiv als auch negativ, gehören die Verkäufer, Messen, soziale Initiativen und besonders Mundpropaganda von Kunden, Konkurrenten und Produktkritikern.

In vielen Fällen spielte Werbung eine sehr kleine Rolle für den Erfolg von Unternehmen: McDonald's setzte in der ersten Zeit mehr auf Public Relations, und Starbucks und Wal-Mart wuchsen durch Mundpropaganda.

Tatsache ist, dass eine Marke Erwartungen bei den Kunden auslöst. Das Markenkapital hängt davon ab, wie weit diese Erwartungen erfüllt werden. Je größer die Zufriedenheit, desto höher das Markenkapital. Und je höher der wahrgenommene Wert des Angebots, desto höher das Markenkapital.

Investieren Sie in effektivere Marketinginstrumente

Die Kostenwirksamkeit von Marketinginstrumenten ändert sich mit der Zeit. Als die Fernsehwerbung eingeführt wurde, galt sie für viele Produktklassen als wesentlich wirksamer als Radiowerbung. Fernsehwerbung war ab den 1960er bis Mitte der 1980er Jahre extrem effektiv. Doch im Jahr 2002 veröffentlichten Al und Laura Ries ein Buch mit dem provokanten Titel: *The Fall of Advertising and the Rise of PR.*[3] Wenn die beiden Autoren Recht haben, sollten Marketingmanager einen größeren Teil ihres Budgets in PR investieren.

Des Weiteren fiel uns auf, dass Telemarketing in den 1990er Jahren und zu Beginn des neuen Jahrtausends stetig zunahm, was auf seine wachsende Wirksamkeit schließen ließ. Doch im Juli 2003 erließ die amerikanische Regierung ein Gesetz, das es Konsumenten ermöglicht, sich durch Eintragung in eine Liste vor Telemarketing zu schützen. Unternehmen, die gegen dieses Gesetz verstoßen und Leute auf dieser Liste anrufen, droht pro Anruf eine Strafe von 11 000 US-Dollar.

Wenn sich die Kostenwirksamkeit von Marketinginstrumenten mit der Zeit ändert, warum verteilen so viele Unternehmen ihr Budget über Jahre immer gleich? Ist es Trägheit, Ungläubigkeit oder Inkompetenz? Unternehmen, die an der Aufteilung ihres Marketingbudgets festhalten, müssen davon ausgehen, dass sie einen guten Teil davon verschwenden.

Sehen wir uns nun an, wie sich die Wirksamkeit einiger wichtiger Marketinginstrumente verändert.

Werbung

Der amerikanische Kaufhauspionier John Wanamaker erklärte einst: »Die Hälfte meiner Werbeausgaben ist vergeudet, aber leider weiß ich nicht, welche Hälfte.« Dieser Ausspruch ist immer noch gültig, besonders in Zusammenhang mit Massenwerbung. Muss Coca-Cola eine weitere Anzeige um 80 000 US-Dollar schalten, die seine Flasche auf der Rückseite einer Zeitschrift zeigt, wenn die meisten Menschen Coca-Cola schon kennen und die Werbung ohnehin nicht beachten werden? Und wenn doch? Die Werbung bietet keine neuen Informationen oder Nutzen. Erinnern sich Frauen an eine 30 Sekunden dauernde Fernsehwerbung für eine neue Hautcreme, wenn sie zwischen fünf gleich kurzen Spots platziert ist? Die meisten Unternehmen investieren in diese Form der Werbung, weil sie es auch in der Vergangenheit getan haben und es für zu riskant halten, damit aufzuhören. Sie geben viel Geld für teure Werbung aus, um sicherzustellen, dass das Unternehmen den Leuten im Gedächtnis bleibt, auch wenn es nichts Neues zu sagen hat. Die Frage, die sich Unternehmen stellen sollten, lautet: Würde derselbe Betrag mehr bringen, wenn man ihn für die Verbesserung der Produktqualität, des Kundenservice oder der Logistik ausgibt? Vergessen Sie nicht, dass Werbung ein Kostenpunkt ist, den die Kunden bezahlen, und vielleicht würden viele von ihnen einen niedrigeren Preis vorziehen. Bedenkt man, dass für ein Auto von General Motors durchschnittlich 3000 US-Dollar an Werbekosten anfallen, stellt sich die Frage, wie viele zusätzliche Autos GM verkaufen könnte, wenn es den Preis um 3000 US-Dollar je Wagen senkte.

Einige Werbekampagnen sind natürlich wirkungsvoll und kurbeln den Umsatz des Unternehmens an. Ohne die brillante Kampagne von Absolut wären die Leute sicher nicht bereit gewesen, für Absolut Vodka mehr als für Smirnoff Vodka zu bezahlen. Doch wie viele Werbekampagnen sind brillant? Die meisten sind bestenfalls durchschnittlich! Und bei einigen Werbungen ist nicht einmal klar, worauf sie hinauswollen.

Doch warum sind viele Werbekampagnen nur mittelmäßig? Wenn Sie die Werbeagentur fragen, wird diese dem Markenmanager die Schuld geben, der kein Risiko eingehen will und deshalb keine gewagte Werbung zulässt. Wenn Sie den Markenmanager fragen, wird er erklären, die Werbeagentur hatte keine guten Ideen.

Ich rate Markenmanagern, bei ihrer Werbeagentur

drei verschiedene Ideen für eine Werbekampagne in Auftrag zu geben, von brav bis wild. Eine noch bessere Lösung ist es vielleicht, nicht nur eine, sondern gleich mehrere Agenturen zu beauftragen, eine zündende Idee für eine Kampagne zu entwickeln.

Werbungen sind effektiver, wenn man sie in den Medien platziert, die die Zielkunden lesen. Finden Sie die Zeitschriften, die von Fischern, Mechanikern oder Hobbygärtnern gelesen werden, und werben Sie für Produkte, die für diese Gruppen von Interesse sind, und Ihre Anzeigen werden sicher Beachtung finden. Normalerweise ist den Anzeigen eine Antwortkarte beigelegt, mit der die Leser weitere Informationen anfordern oder Produkte bestellen können, was die Messung des RoI viel leichter macht.

Die finanzielle Auswirkung von Werbemaßnahmen lässt sich bei Direktmarketingkampagnen am einfachsten messen: Das Unternehmen kann die Zahl der Bestellungen verfolgen, die das Ergebnis einer bestimmten Kampagne sind, die so und so viel gekostet hat.

Verkaufsförderung

Die meisten Verkaufsförderungsprogramme sind unrentabel! Eine umfassende Untersuchung ergab, dass nur 17 Prozent Gewinn bringend sind. Am unrentabelsten sind jene Programme, bei denen letztendlich wieder nur die üblichen Kunden das verbilligte Produkt kaufen und keine neuen Kunden zum Kauf angeregt werden können. Anders gesagt: Man gibt den üblichen Kunden einen Rabatt, der sie veranlasst, in dieser Periode mehr zu kaufen und in der nächsten dafür weniger.

Im zweitschlechtesten Fall zieht die Verkaufsförderung zwar einige neue Kunden an, die aber zu den Schnäppchenjägern zählen und keiner Marke treu bleiben. Das Unternehmen kann seinen Absatz zwar erhöhen, aber nur für eine Periode.

Im besten Fall spricht die Promotion-Kampagne viele neue Kunden an, die die Marke ausprobieren, überzeugend finden und dabei bleiben. Das passiert allerdings nur, wenn die Marke zuvor ein Schattendasein geführt hat, das heißt anderen Marken überlegen, aber weitgehend unbekannt war. In diesem Fall sollte das Unternehmen aber als Stimulus nicht nur eine Promotion-Kampagne durchführen, sondern auch Proben verteilen.

Allzu oft werden Promotion-Kampagnen von Markenmanagern entwickelt, die wenig Erfahrung haben, was effektive Verkaufsförderung ausmacht. Eine Lösung besteht darin, einen Mitarbeiter mit viel einschlägiger Erfahrung als Promotion-Berater einzusetzen. Dieser Mitarbeiter würde außerdem die Ergebnisse jeder Initiative analysieren, um herauszufinden, was am besten funktioniert. Ein Unternehmen kann auch eine Agentur beauftragen, welche die jeweils geeignete Maßnahme zur Verkaufsförderung empfiehlt.

Public Relations

Immer mehr Leute sind der Ansicht, dass Public Relations, die lange ein Stiefkind des Promotion-Mix war, vermehrt eingesetzt werden sollte. PR ist ein ausgezeichnetes Instrument, um eine Zielgruppe aufzubauen, besonders im Bereich der Hightech-Produkte, wo die Käufer eine unabhängige professionelle Meinung hören möchten, bevor sie sich für eine Marke entscheiden. Der Hersteller eines Hightech-Produkts sollte zuerst die Meinungsmacher – wie anerkannte Experten oder Kolumnisten – identifizieren, die über neue Produkte sprechen und sie bewerten. So schreibt Walter S. Mossberg vom *Wall Street Journal* eine einflussreiche Kolumne, in der er neue Produkte beurteilt. Viele Konsumenten schätzen sein Urteil und halten sich daran. Nehmen Sie zum Beispiel den Autohersteller Volvo, der bei der Einführung seines neuen SUV nicht auf Werbung, sondern auf PR setzte:

Volvo führte seinen neuen SUV, den XC90, mit einer PR-Kampagne ein und verzichtete primär auf einen groß angelegten Werbefeldzug. Die Marketingabteilung von Volvo machte einige Journalisten mit der nötigen Reichweite ausfindig und bezog sie schon früh in den Entwicklungsprozess ein. Später stellten diese Journalisten den Wagen gemeinsam mit den Designern, Ingenieuren und Sicherheitsexperten vor. Sie machten Testfahrten und schrieben Artikel, die die richtigen Personen erreichten. All das sorgte für viel Aufsehen und führte dazu, dass vorab 7500 Autos verkauft wurden und der neue XC90 zum »North American Truck of the Year« und von Motor Trend zum »SUV of the Year« gekürt wurde – obwohl Volvo keinen Cent für Werbung ausgegeben hatte.

Direktmarketing

Unternehmen, die direkt an ihre Kunden und potenziellen Kunden verkaufen können, haben einen deutlichen

Vorteil. Sie müssen keine Provision an Zwischenhändler bezahlen und behalten den Überblick, wer ihre Produkte kauft. Sie müssen die Pipelines der Zwischenhändler nicht füllen, sondern können die Produktion an den direkt eingehenden Bestellungen orientieren:

Dell Computer stieg zum weltweit führenden PC-Hersteller auf, indem es direkt an die Kunden verkaufte. Anfänglich nahm es Bestellungen telefonisch entgegen, doch inzwischen gehen 90 Prozent der Aufträge online ein. Die Kunden geben an, welche Eigenschaften ihr Computer haben soll, und schicken auch gleich ihre Kreditkartennummer mit. Daraufhin bestellt Dell sofort die nötigen Bauteile bei seinen Zulieferern. Dann wird der Computer zusammengebaut und innerhalb weniger Tage an den Käufer geschickt. Während Dell das Geld von den Kunden sofort erhält, bezahlt es seine Zulieferer erst nach 60 Tagen, sodass es sowohl mit diesem Geld als auch am Preis verdient. Dell hat auch andere Unternehmen inspiriert, nicht mehr auf Vorrat, sondern auf Bestellung zu produzieren.

Ihre Marketingabteilung muss lernen, die finanziellen Auswirkungen ihrer Ausgaben abzuschätzen

Das Topmanagement hat wenig Verständnis für Budgetforderungen von Marketingmanagern, die die finanziellen Auswirkungen ihrer geplanten Ausgabe nicht einschätzen können. Dazu kommt noch, dass Marketingmanager oft nicht einmal im Nachhinein eine Schätzung der finanziellen Auswirkungen vorlegen.

Bei Coca-Cola besteht das Topmanagement inzwischen auf diesen Schätzungen. Sie wissen, dass ihre Marketingmanager nur eine Vermutung abgeben, hoffen aber, dass es zumindest eine qualifizierte Vermutung ist. Der eigentliche Zweck dieser Regelung besteht jedoch darin, das *finanzielle Bewusstsein* der Marketingmanager zu erhöhen. Coca-Cola möchte, dass sie sich mit Spannen, Kapitalumschlag, RoI, wirtschaftlichem Mehrwert und Shareholder Value vertraut machen. Je mehr die Marketingleute über finanzielle Aspekte nachdenken, desto besser wird der Dialog zwischen Marketing und Finanzwesen funktionieren.

Anmerkungen

1 »Brands in an Age of Anti-Americanism«, *Business Week,* 4. August 2003, S. 69–78.
2 Tim Ambler, *Marketing and the Bottom Line,* 2. Auflage (FT Prentice Hall, London, 2003).
3 Al Ries und Laura Ries, *The Fall of Advertising and the Rise of PR* (HarperBusiness, New York, 2002).

Kapitel 9

IHR UNTERNEHMEN IST FÜR EFFEKTIVES UND EFFIZIENTES MARKETING NICHT GUT GENUG ORGANISIERT

- Der Marketingleiter scheint nicht besonders effektiv zu sein.
- Die Mitarbeiter verfügen nicht über die Marketingfertigkeiten, die im 21. Jahrhundert nötig sind.
- Es bestehen negative Spannungen zwischen Marketing/Verkauf und anderen Abteilungen.

Der Marketingleiter scheint nicht besonders effektiv zu sein

Ein effektiver Chief Marketing Officer (CMO) erfüllt drei Aufgaben. Erstens führt er die Marketingabteilung gut, stellt kompetente Mitarbeiter ein, setzt hohe Standards für Marketingplanung und -durchführung und verbessert die Fertigkeiten seiner Mitarbeiter in den Bereichen Forschung, Prognose und Kommunikation. Zweitens muss er das Vertrauen der anderen Abteilungsleiter gewinnen –

Finanzen, Betriebsführung, Einkauf, Informationstechnologie und so weiter – und die gesamte Organisation dazu bringen, den Kunden zu dienen und sie zufrieden zu stellen. Die dritte Aufgabe besteht in einer guten Zusammenarbeit mit dem CEO und in der Erfüllung seiner Erwartungen betreffend Wachstum und Rentabilität.

Wenige CMOs sind in allen drei Bereichen kompetent; einige erfüllen zwei Aufgaben; doch zu viele versagen in allen dreien. In diesem Fall ist es an der Zeit, einen neuen CMO zu suchen.

Die Fertigkeiten der Marketingabteilung sind nicht auf dem neuesten Stand

Marketingabteilungen müssen vier Fertigkeiten beherrschen: Marktforschung, Werbung, Verkaufsförderung und Verkaufsmanagement. Dies sind die traditionellen Fertigkeiten, und über jede von ihnen wurden bereits unzählige Bücher geschrieben. Dennoch weisen viele Abteilungen selbst in diesen Defizite auf, ganz zu schweigen von den neuen Fertigkeiten, die gefragt sind, um den Herausforderungen des Marketing im 21. Jahrhundert gerecht zu werden.

Gespannte Beziehungen zwischen Marketing und den anderen Abteilungen

Es erfordert nur ein paar kurze Gespräche, um herauszufinden, wie sehr oder wie wenig die Marketingleute von den Mitarbeitern der anderen Abteilungen des Unternehmens respektiert werden. Die anderen Abteilungen beklagen sich häufig über verschiedene Vorgehensweisen der Marketingabteilung. Und die Marketingleute werden viele Unzulänglichkeiten und Reibungspunkte in ihren Beziehungen mit den anderen Abteilungen aufzeigen.

> **Lösungen:**
>
> ▶ Ernennen Sie einen stärkeren Leiter der Marketingabteilung.
> ▶ Schaffen Sie neue Fertigkeiten in der Marketingabteilung.
> ▶ Verbessern Sie die Beziehungen zwischen Marketing und den anderen Abteilungen.

Ernennen Sie einen stärkeren Leiter der Marketingabteilung

Marketingchefs kommen aus den verschiedensten Bereichen: Werbung, Verkauf, neue Produkte, manchmal Technik oder Finanzen. Und sie bringen ihre Neigungen mit. Man hofft, dass sie Marketingprinzipien, -werkzeuge und -prozesse als Ganzheit betrachten und ein Gleichgewicht zwischen denselben herstellen.

Der CMO ist gefordert, sich den Respekt des CEO und verschiedener anderer Abteilungsleiter und Angestellten im ganzen Unternehmen zu erarbeiten. Dies wird ihm dann gelingen, wenn die Marketingprognosen relativ präzise sind und er darlegen kann, inwieweit die Marketingausgaben zum RoI oder anderen finanziellen Messgrößen beitragen.

Herb Kelleher, der brillante Mitbegründer von Southwest Airlines, ging sogar so weit, die Marketingabteilung umzubenennen: »Wir haben keine Marketingabteilung; wir haben eine Kundenabteilung.« Und um es mit den Worten einer weit blickenden Führungskraft bei Ford zu sagen: »Wenn wir nicht von den Kunden gelenkt werden, werden es unsere Autos auch nicht.«

Schaffen Sie neue Fertigkeiten in der Marketingabteilung

Die heutige Marketingwelt ist eine größere Herausforderung denn je, geprägt von Überkapazität, Hyperkonkurrenz und sinkenden Gewinnspannen. Marketingexperten müssen neue Initiativen setzen und neue Fertigkeiten erwerben. Diese neuen Marketingfertigkeiten sind folgende:

- Positionierung
- Markenwertmanagement
- Customer Relationship Management (CRM) und Datenbank-Marketing
- Partner Relationship Management (PRM)
- Kontaktzentrum Unternehmen
- Internetmarketing
- Public Relations Marketing
- Service und Erlebnismarketing

- Integrierte Marketingkommunikation
- Rentabilitätsanalyse
- Markttreibende Fertigkeiten.

Positionierung

Al Ries und Jack Trout führten 1982 die Markenpositionierung als ein zentrales Marketingkonzept ein.[1] Sie erklärten, jede Marke sollte *ein Wort besitzen:* Volvo besitzt »Sicherheit«, BMW besitzt »Freude am Fahren«, und Tide besitzt »Reinigt am reinsten.« Sie sagen, keine Marke sollte als Ich-auch-Marke auf den Markt kommen. Eine neue Marke sollte einen wichtigen neuen Vorteil bieten und daher eine neue Kategorie schaffen. Werden Sie nicht Zweiter in einer bestehenden Kategorie, werden Sie immer Erster in einer neuen Kategorie.

Die Idee der Positionierung entwickelte sich weiter, als Michael Treacy und Fred Wiersema *The Discipline of Market Leaders* schrieben.[2] Sie unterschieden zwischen drei grundlegenden Positionierungen: Produktführung, betriebliche Spitzenleistung und Kundennähe. Ein Mitbewerber kann sich für die Position des Produktführers entscheiden und den anderen Firmen in Qualität und Leistung des Produkts immer einen Schritt voraus sein. Ein zweiter Mitbewerber könnte den anderen in seiner betrieblichen Leistung voraus sein und mit Kostenmanagement und verlässlichem Service glänzen. Ein dritter Mitbewerber könnte die Position der Kundennähe beanspruchen, indem er mehr über die Bedürfnisse des einzelnen Kunden weiß und sein Angebot dahingehend variiert. In der Luftfahrt beansprucht GE die Position als »Produktführer«. Im Fastfood-Bereich beansprucht McDonald's »betriebliche Spitzenleistung«, Burger King hingegen »Kundennähe« (oder »Wir machen Ihren Burger, wie Sie ihn wollen«).

Laut Treacy und Wiersema kann ein Unternehmen normalerweise nicht in allen drei Bereichen ausgezeichnet sein. Erstens wäre dies zu kostspielig und zweitens stehen die drei Positionen im Widerspruch zueinander. Wollte McDonald's also sowohl betriebliche Spitzenleistung bieten als auch kundennah sein, würden Konflikte entstehen: Jene Kunden, die ihre Hamburger anders zubereitet haben wollen, würden die Abfertigung aufhalten und McDonald's betriebliche Spitzenleistung, die auf Standardisierung beruht, würde darunter leiden.

Treacy und Wiersemas Botschaft lautet also, in einer dieser drei Positionierungen führend zu sein und in den anderen beiden Positionierungen zumindest im Durchschnitt zu liegen. Fallen Sie in den anderen beiden nicht unter den Durchschnitt! Kunden wollen vielleicht vom Produktführer kaufen, doch sie werden sich einen anderen Lieferanten suchen, wenn er nicht zuverlässig ist oder seine Angebote nicht modifizieren will.

In jüngerer Vergangenheit schufen Crawford und Mathews eine weitere Positionierungsformel. Für sie positionieren sich Firmen nach fünf Kriterien: *Produkt, Preis, leichte Erreichbarkeit, Mehrwertservice* und *Kundenerlebnis.*[3] Sie behaupten, ein Unternehmen sei am rentabelsten, wenn es in einem dieser Merkmale *dominiert,* in einem zweiten über dem Durchschnitt liegt *(differenziert)* und in den übrigen drei auf dem *branchenüblichen Niveau* liegt. Ihrer Meinung nach ist es für ein Unternehmen zu kostspielig, in allen fünf Bereichen hervorragend zu sein. Wal-Mart beispielsweise dominiert im Bereich niedriger Preis, liegt im Produktsortiment über dem Durchschnitt und ist in Bezug auf leichte Erreichbarkeit, Mehrwertservice und Kundenerlebnis ganz durchschnittlich.

Die Ansichten zum Thema Positionierung werden sich natürlich noch weiter entwickeln. Ich habe beobachtet, dass zu viele Marken noch immer schwach positioniert sind und viel zu sehr wie ihre Konkurrenten klingen. Positionierung bleibt also eine dringend gefragte Fertigkeit.

Markenwertmanagement

Markenwertmanagement ist eng mit der Positionierung verbunden. Bestimmte Marken sind so grundlegend für den gegenwärtigen und zukünftigen Erfolg eines Unternehmens, dass sie als Vermögenswert verwaltet, gefördert und geschützt werden müssen. Markennamen wie etwa Coca-Cola, Sony, Intel und Disney können auf neue Produkte, Produktvarianten und Dienstleistungen ausgeweitet werden. Und jemand muss darüber wachen, wie solche »Starnamen« eingesetzt werden. Keine dieser Firmen kann zulassen, dass billige oder enttäuschende Produkte unter ihrem Namen auf den Markt kommen. Disney kann nicht riskieren, schlecht geführte Geschäfte oder Hotels zu betreiben. Coca-Cola kann seinen Namen nicht für einen neuen Reiniger oder Themenpark verwenden. Diese Namen sind gut positioniert, und Abweichungen von der Kernpositionierung dieser Marken müssen vermieden werden.

Customer Relationship Management (CRM)
und Datenbank-Marketing

Ein Unternehmen kann größere Zielsicherheit erlangen, indem es Informationen über seine individuellen Kunden sammelt. Durch die Schaffung einer Kundendatenbank, welche frühere Transaktionen, demografische, psychografische und andere nützliche Informationen enthält, wird das Unternehmen viel besser in der Lage sein, Angebote individuell anzupassen. Darüber hinaus können ausgebildete Statistiker die Kundendaten durchforsten und neue Segmente und Trends identifizieren, die neue Möglichkeiten aufzeigen. Zu der Kundendatenbank haben Manager aus den Bereichen Marktplanung, Merchandising, Produktentwicklung, Kundenbonus, Management der Verkaufskanäle, Verkaufsanalyse, Cross-Selling und Promotion-Analyse Zugang. In immer mehr Marketingabteilungen werden heute CRM-Fertigkeiten eingesetzt, um einen Wettbewerbsvorteil gegenüber jenen Konkurrenten zu erlangen, die mit weniger detaillierten Analysen arbeiten.

Partner Relationship Management (PRM)

Da immer mehr Unternehmen immer mehr Tätigkeiten mit externen Partnern ausführen, wird die Fähigkeit, Partnerbeziehungen zu managen, immer entscheidender. Die Produktivität von Partnern hängt von ihrer Zufriedenheit mit den Konditionen der Beziehung und mit den Chancen ab, die sich aus einer engen Zusammenarbeit mit dem Unternehmen ergeben. Das Unternehmen muss jeden wichtigen Partner in regelmäßigen Intervallen genau unter die Lupe nehmen und rasch auf etwaige Symptome von Unzufriedenheit oder Distanzierung reagieren. Ein Unternehmen sollte eine Person ernennen, um die Beziehungen zu den Lieferanten und eine andere, um jene zu den Vertriebspartnern zu managen, ähnlich wie sich Human Resources um die Beziehungen zu den Mitarbeitern kümmert. Darüber hinaus sollte jeder bedeutende Partner von einem eigenen Manager betreut werden, der einen Plan ausarbeitet, um Verbindung und Leistung zu stärken.

Kontaktzentrum Unternehmen

Unternehmen müssen verstärkt mit so genannten *Kontaktzentren* (oder *Kundeninteraktionszentren*) arbeiten, mit denen sie Kunden erreichen, ihnen zuhören und über sie lernen. Ursprünglich war das Telefonsystem eines Unternehmens sein Kontaktzentrum, das eingehende Anrufe annahm und auch für Telemarketing genutzt wurde. Heute müssen Unternehmen alle Informationen aus ihren Berührungspunkten mit den Kunden zusammenführen, etwa aus Telefon, normaler Post, E-Mail, Fax und Besuchen im Geschäft. So kommt ein Unternehmen an Informationen, die aus dem einzelnen Kunden ein offenes Buch werden lassen:

Die fehlende Integration von Kundeninformationen wurde mir drastisch am Beispiel des CEO eines großen Unternehmens vor Augen geführt: Er erhielt eine Zahlungsaufforderung von seiner Bank, da er mit der Ab-

*zahlung einer privaten Hypothek im Rückstand war.
Dieser Geschäftsführer war der Firmenkundenabteilung
der Bank bekannt, nicht jedoch dem Team für private
Hypothekarkredite. Offensichtlich hatte seine Frau im
Vormonat vergessen, die Kreditrate zu überweisen. Der
CEO entzog dieser Bank seine gesamten Geschäfte.*

Die Telefonleitungen eines Unternehmens werden immer
entscheidender für guten Kundenservice. Ein Unternehmen muss für die Fragen, Aufträge und Beschwerden seiner Kunden erreichbar sein. Die richtige Beantwortung
von Fragen, präzise Annahme von Aufträgen und schnelle
Abhilfe in Beschwerdefällen sind wichtige Fertigkeiten.
Jeder Anruf kann wertvolle Informationen liefern, die
dem Eintrag des Kunden in der Datenbank hinzugefügt
werden, und bietet unter Umständen Gelegenheit für ein
Verkaufsgespräch.

Das Telefon ist auch für nach außen gerichtete Tele-
marketing-Kampagnen bedeutend. Es wird großer Auf-
wand betrieben, um an viel versprechende Telefonnum-
mern zu kommen und an die Information, wann man
anrufen und was man sagen muss. Ein Unternehmen kann
anhand der Kaufrate, die es mit seinen Anrufen erzielt,
rasch feststellen, wie effektiv sein Telemarketing funktioniert.

Die Telefonarbeit ist so wichtig für wirksames Marketing, dass viele Unternehmen diesen Bereich an professionelle Telemarketing-Anbieter outsourcen. In Japan über-
lassen Unternehmen wie Sony, Sharp, Toshiba und viele
andere die Abwicklung ihrer Kundentelefonate Bell 24,
einem großen Outsourcing-Unternehmen.

Eine negative Entwicklung ist die Überautomatisierung des Anrufbeantwortersystems. Der Kunde hört mehrere Optionen, wählt eine, nur um sogleich eine weitere Reihe von Optionen zu hören, und so weiter, ohne die geringste Chance, an eine mit Menschen besetzte Vermittlung zu gelangen, wodurch eine Gelegenheit, Service zu bieten, und vielleicht sogar ein Kunde verloren geht. Auch wenn die Telefonautomatisierung Kosten senkt, was die Finanzexperten des Unternehmens freut, werden oft die höheren Kosten übersehen, die verspielte Verkaufschancen und unzufriedene Kunden nach sich ziehen. Um das zu vermeiden, kann man Anrufer informieren, dass sie jederzeit die Null wählen und sich mit der menschlichen Vermittlung verbinden lassen können.

Internetmarketing

So gut wie jedes Unternehmen hat heute eine eigene Website, auf der sich Besucher über seine Produktlinie, seine Geschichte, Philosophie, Jobangebote und die neuesten Firmennachrichten informieren können. Einige Unternehmen gehen noch weiter und nutzen ihre Website als Vertriebskanal, wie etwa Dell Computer, Amazon, W. W. Grainger und eine Reihe anderer Unternehmen, die über das Internet verkaufen.

Doch es gibt viele weitere Anwendungsmöglichkeiten, von denen die meisten Unternehmen noch nicht Gebrauch machen: Marktforschung, Informationen über die Konkurrenz, Konzept- und Produkttests, Verteilung von Gutscheinen und Proben, Produktindividualisierung sowie Mitarbeiter- und Händlertraining. Für das Unternehmen ist es entscheidend, internetkundige Leute einzustellen, um die Möglichkeiten des Internets voll ausschöpfen zu können.

Public Relations Marketing

Public Relations, lange das Stiefkind des Promotion-Mix, tritt nunmehr weiter ins Rampenlicht. Vor einigen Jahren schrieb Tom Harris ein Buch namens *A Marketer's Guide to Public Relations*, in dem er darauf hinwies, dass oft clevere PR-Kampagnen, und nicht Werbekampagnen, die Lorbeeren für die Schaffung neuer Produkterfolge verdienen.[4] Tom war Partner in dem PR-Unternehmen von Golin-Harris, das seit McDonald's bescheidenen Anfängen größtenteils für die PR der Fastfoodkette verantwortlich war. McDonald's ist in vielerlei Hinsicht eine PR-Erfolgsstory, mit seinem Kinderkrankenhaus, seinen Spielplätzen, Spenden für karitative Zwecke, Patenschaften und den berühmten »Golden Arches« als Markenzeichen.

Hightechunternehmen entdeckten früh, dass PR-Fertigkeiten für die Verbreitung von Informationen über neue Produkte entscheidend sind. Die Unternehmen präsentierten ihre neuen Hightechprodukte anerkannten Kritikern in der Hoffnung, positive Empfehlungen zu ernten. Ihre PR-Abteilungen weckten emsig die Aufmerksamkeit der Presse, um positive Nachrichten über das Produkt in Umlauf zu bringen, und organisierten zusätzlich erstklassige Veranstaltungen und Patenschaften.

Das jüngste Plädoyer für die Bedeutung von PR findet sich in Al und Laura Ries' neuem Buch, *The Fall of Advertising and the Rise of PR*. Die beiden Autoren haben

PR wieder als Kommunikationswerkzeug positioniert, das in den frühen Phasen der Markteinführung zum Einsatz gelangen sollte, während die Werbung in den späteren Phasen angewendet werden sollte.

Die Kernaussage lautet, dass Marketingabteilungen selbst mehr PR-Fertigkeiten haben sollten, statt sie sich bei Bedarf von der PR-Abteilung des Unternehmens oder der PR-Agentur zu borgen.

Service und Erlebnismarketing

Erstklassiger Service kann ein essenzieller Unterscheidungsfaktor sein, wenn keine anderen vorhanden sind. Leonard Berry, einer der führenden Experten auf dem Gebiet des Service Marketing, führte persönlich in mehreren Unternehmen Interviews durch, die weithin für ihren erstklassigen Service bekannt waren – Unternehmen wie The Container Store, Charles Schwab Corporation, Chick-fil-A, Custom Research, Enterprise Rent-A-Car und USAA –, in dem Bestreben, unser Verständnis von Service Marketing zu vertiefen.[5] Als auffälligste Praktiken nannte er:

- Werteorientierter Führungsstil
- Strategische Ausrichtung
- Exzellente Ausführung
- Kontrollierte Entwicklung
- Auf Vertrauen basierende Kundenbeziehungen
- In den Erfolg der Mitarbeiter investieren
- Bescheiden agieren
- Marken kultivieren
- Großzügigkeit zeigen.

Service Marketing wurde kürzlich von einem neuen Werk über *Erlebnismarketing* auf ein höheres Niveau gehoben. Joe Pine und James Gilmore glauben, ein Unternehmen sollte die Fertigkeit entwickeln, Marketing*erlebnisse* zu schaffen.[6] Diese Idee hat viele Wurzeln. Große Restaurants sind für ihr »Kundenerlebnis« ebenso bekannt wie für ihre Küche. Restaurants wie Planet Hollywood und Hard Rock Café wurden eigens dazu geschaffen, ein bestimmtes Erlebnis zu vermitteln. Starbucks nimmt seinen Kunden 2 US-Dollar oder mehr dafür ab, Kaffee in einer besonderen Atmosphäre erleben zu dürfen. Hotels in Las Vegas, die ängstlich darauf bedacht sind, sich voneinander abzuheben, ahmen mit ihrer Architektur das alte Rom, Venedig oder New York nach. Doch der »Erlebnismeister« ist Walt Disney, der in seinen Parks ein Abbild des Wilden Westens, von Märchenschlössern, Piratenschiffen und dergleichen schafft. Erlebnismarketing zielt darauf ab, eine Sache spannend und unterhaltsam zu machen, die ansonsten vielleicht banal wäre:

Wir betreten also Niketown, um Basketballschuhe zu kaufen, und stehen vor einem etwa 4,50 Meter hohen Foto von Michael Jordan. Wir gehen weiter auf das Basketballfeld, um zu testen, ob wir mit Nike-Schuhen mehr Körbe werfen können. Oder wir betreten REI, einen Outdoor-Ausstatter, und testen unsere neue Kletterausrüstung an deren Kletterwand oder einen wasserfesten Mantel, indem wir durch einen simulierten Wasserfall spazieren. Oder wir betreten Bass Pro, um eine Angelrute zu kaufen, und werfen sie zur Probe gleich in deren Fischteich aus.

Jeder Händler bietet Service. Die Herausforderung für Sie besteht darin, Ihren Kunden ein Erlebnis zu bieten, das sie nicht vergessen.

Integrierte Marketingkommunikation

Zu den wichtigsten Marketingfertigkeiten zählen Kommunikation und Promotion. Kommunikation ist der weiter gefasste Begriff und findet sowohl geplant als auch ungeplant statt. Die Kleidung des Verkaufspersonals kommuniziert, der Katalog kommuniziert, die Dekoration des Büros kommuniziert... All das hinterlässt Eindrücke bei den Konsumenten. Dies erklärt das wachsende Interesse an *Integrierter Marketingkommunikation* (Integrated Marketing Communications – IMC).[7] Das Personal, die Räumlichkeiten und Aktivitäten eines Unternehmens müssen ein stimmiges Bild ergeben, das der Öffentlichkeit die Bedeutung und das Versprechen der Unternehmensmarke vermittelt. Der erste Schritt ist die Definition der Unternehmenswerte. Dann muss dafür gesorgt werden, dass alle Mitarbeiter des Unternehmens sie verstehen und als Beispiel dafür dienen können.

Rentabilitätsanalyse

Die meisten Unternehmen wissen nicht, wie rentabel sie tatsächlich sind, gemessen an geografischen Gebieten, Produkten, Segmenten, Kunden und Vertriebskanälen. Zu oft gehen sie davon aus, dass ihr Gewinn proportional zu ihrem Umsatzvolumen ist, doch dies lässt unterschiedliche Spannen und Kosten außer Acht. Viele Unternehmen glauben beispielsweise nicht mehr, dass ihre größten Kunden auch ihre rentabelsten Kunden sind. Große Kunden verlangen oft die niedrigsten Preise und beachtlichen Service. Einige mittelgroße Kunden sind profitabler, gemessen an dem, was sie im Vergleich zu den Kosten für ihre Bedienung einbringen. Buchhaltungsabteilungen sind zwar bereit, Kosten und Abweichungen eingehend zu analysieren, jedoch weniger willig oder fähig, die Kosten für die Bedienung verschiedener Marketingeinheiten zusammenzuschreiben und diese von den entsprechenden Einnahmen abzuziehen. Zwei Kunden, die den gleichen Betrag ausgeben, können also unterschiedlichen Gewinn abwerfen. Wenn ein Kunde das Unternehmen immer wieder anruft, um Preisnachlässe bittet, viele andere Dienstleistungen des Unternehmens in Anspruch nimmt und seine Rechnungen spät bezahlt, ist er weniger rentabel als der zweite Kunde, der nichts von alledem tut.

Glücklicherweise haben Robert Kaplan und Robin Cooper mit ihrem Activity-Based Costing (ABC) im Rechnungswesen eine korrekte Methode zur Verbuchung von Rentabilität aufgezeigt.[8] Laut ABC müssen Verkäufer festhalten, wie viel Zeit und Kosten ein Kunde in Anspruch nimmt, ähnlich wie Rechtsanwälte ihren Klienten jede halbe Stunde ihrer Zeit sowie Auslagen in Rechnung stellen.

Kurz und gut, Marketingabteilungen müssen Gewinnmaßstäbe einführen und buchhalterische Fertigkeiten erwerben, um besser Rechenschaft über die Verteilung ihres Budgets auf geografische Gebiete, Produkte, Segmente, Kunden und Vertriebskanäle ablegen zu können.

Effektives Marketing wurde traditionell als die Fähigkeit definiert, »Bedürfnisse aufzuspüren und zu befriedigen.« Dies definiert eine *marktgetriebene Firma*. Doch in einer Zeit, in der so viele Bedürfnisse von zahllosen Produkten befriedigt werden, besteht die Herausforderung nunmehr darin, neue Bedürfnisse zu erfinden. Dies ist das Ziel einer *markttreibenden Firma*. Sonys weit blickender Leiter, Akio Morita, drückt es so aus: »Wir wollen eher die Öffentlichkeit zu neuen Produkten führen, anstatt danach zu fragen, welche Produkte erwünscht sind. Die Öffentlichkeit weiß nicht, was möglich ist, wir aber schon.« Und mit den Worten einer Führungskraft bei 3M: »Es ist unser Ziel, die Kunden dorthin zu leiten, wohin sie gehen wollen, bevor *sie selbst* wissen, wohin sie gehen wollen.«[9]

Markttreibende Firmen revolutionieren ihre Branche, indem sie ein neues Wertangebot und/oder ein neues Geschäftssystem schaffen, das Gewinnanstiege und/oder eine Senkung von Anschaffungsaufwand/-kosten bietet. Konkurrenten werden das neue Wertangebot vielleicht imitieren, doch sind sie in der Nachahmung des Geschäftssystems tendenziell weniger erfolgreich. Markttreibende Firmen haben folgende Charakteristika:[10]

- Folgen eher Visionen als traditioneller Marktforschung (FedEx, Body Shop, Swatch)
- Neusegmentierung der Branche (Southwest, Wal-Mart, SAP)
- Wertschöpfung durch neue Preise (Southwest, Charles Schwab und Wal-Mart senkten das Preisniveau, CNN, Starbucks und FedEx erhöhten es)

- Wachsende Verkaufszahlen durch Erziehung der Kunden (IKEA)
- Neukonfigurierung von Vertriebskanälen (FedEx, Southwest, Benetton)
- Einsatz von Mundpropaganda (Southwest, Club Med, Virgin)
- Übertreffen der Kundenerwartungen (FedEx, Home Depot, Southwest).

Verbessern Sie die Beziehungen zwischen Marketing und den anderen Abteilungen

Ein weiterer Ansatz, um eine stärkere Marketingabteilung aufzubauen, ist die Verbesserung der Beziehungen zwischen Marketing und den anderen Abteilungen. Wir werden uns die folgenden Beziehungen näher ansehen:
- Marketing und Verkauf
- Marketing, Forschung & Entwicklung und Technik
- Marketing und Herstellung
- Marketing und Einkauf
- Marketing und Rechnungswesen
- Marketing und Finanzen
- Marketing und Logistik.

Marketing und Verkauf

Es mag überraschend klingen, dass die Marketingabteilung ihre Beziehungen mit der Verkaufsabteilung verbessern muss. In den meisten Unternehmen werden diese beiden Abteilungen nicht von demselben Abteilungsleiter

geführt. Für Produktplanung, Marktplanung, Preisgestaltung und Kommunikation ist üblicherweise das Marketing zuständig. Der Verkauf kümmert sich darum,
Kunden zu erreichen und zu entwickeln sowie Aufträge
zu bekommen. Dabei kann es zu verschiedenen Reibungs-
punkten kommen. Der Verkaufsdirektor drängt das Marketing vielleicht, die Preise zu senken, oder er beansprucht
einen höheren Budgetanteil, um mehr Verkäufer einzustellen oder sie besser zu bezahlen. Der Marketingdirek-
tor gibt das Geld vielleicht lieber für bessere Kommunikation aus, um die Marke aufzubauen und Nachfrage zu
wecken. Er mag die höheren Preise als Weg rechtfertigen,
um für die Kommunikationskosten aufzukommen.

Die Kernfrage ist, ob die beiden Direktoren einander
respektieren und objektiv versuchen, die Ressourcen der
beiden Abteilungen bestmöglich aufzuteilen. Dies unter-
streicht die Notwendigkeit, dass Marketing und Verkauf
über ihre Ausgaben besser Rechenschaft ablegen können.
So können Entscheidungen aufgrund von fundierten Beweisen für die Effizienz der eingesetzten Mittel getroffen
werden.

Auch andere Maßnahmen werden die Beziehung zwischen Marketing und dem Verkaufspersonal verbessern.
Erstens müssen in die Marketingplanung ein oder mehrere Verkäufer einbezogen werden, sodass sie mitreden
und den Plan mittragen können. Zweitens wird sich die
Beziehung verbessern, wenn die Marketingleute regelmäßig ihren Büros den Rücken kehren und mit den Verkäufern umherfahren, um Kunden kennen zu lernen und
sie und die Verkäufer besser zu verstehen. Marketingexperten können bessere Entscheidungen treffen, wenn

sie die Leute aus dem Verkauf als ihre direkten Kunden betrachten, die ebenfalls zufrieden gestellt werden müssen.

Marketing, Forschung & Entwicklung und Technik

Das einzige Problem, das zwischen Marketing und Forschung & Entwicklung auftreten kann, ist, dass die Marketingabteilung bei der Planung eines neuen Produkts nicht früh genug hinzugezogen wird. Wenn Wissenschaftler und Techniker neue Produkte entwerfen, stellen sie eine Vielzahl von Vermutungen über Kunden und Marktkräfte an, ohne diese ausreichend recherchiert zu haben. Sie könnten zu viel Designarbeit in das Produkt investieren, sodass es zu teuer wird; oder die Sprache in der Produktbeschreibung könnte zu technisch ausfallen, sodass eher technische Details als Vorteile betont werden. All dies kann verhindert werden, wenn Marketingexperten eng mit Forschung & Entwicklung sowie Technik zusammenarbeiten, um auf harten Fakten basierende Kundeninformationen liefern zu können.

Marketing und Herstellung

Der reibungslose Produktionsablauf wird oft vom Marketing gestört. Das Marketing plant etwa eine spezielle Kampagne, die die Herstellung dazu zwingt, die Produktion zu erhöhen, und vielleicht teure Überstunden erfordert. Oder das Marketing kann für bestimmte Märkte kleinere Produktserien verlangen, wozu die Herstellung ihre Werkzeuge und Geräte neu einstellen muss. Wer sollte sich durchsetzen? Es gilt, die aus solchen Forderungen resultierenden höheren Einnahmen gegen die höheren Kosten abzuwägen. Wenn die Forderungen des Marketings zu höheren Gewinnen führen, sollten sie umgesetzt werden. Wenn dies nicht gesichert scheint, ist es manchmal besser für das Marketing, erst an die Herstellung heranzutreten, wenn sich ein echter Gewinn abzeichnet.

Marketing und Einkauf

Das Marketing hat Marken aufgebaut, die ein Qualitätsversprechen abgeben. Der Einkauf muss den erwarteten Qualitätsstandards gerecht werden. Er ist jedoch versucht, Kosten zu senken. Wenn er schlechtere oder langsamere Zulieferer wählt, kann das Marketing seine Versprechen den Kunden gegenüber nicht halten. Das Marketing muss gute Beziehungen mit den Leuten vom Einkauf entwickeln, um sicherzugehen, dass die Qualitätsstandards erfüllt werden.

Marketing und Rechnungswesen

Marketingleute können viele Anliegen an das Rechnungswesen haben. Es ist für die Aussendung der Rechnungen und die Einforderung von Außenständen verantwortlich. Reagieren die Mitarbeiter rasch, wenn Kunden anrufen und sich beschweren, dass Rechnungen ungenau oder schwierig zu verstehen sind? Gehen sie taktvoll mit säumigen Kunden um oder setzen sie sie unter Druck? Fertigen sie nützliche Rentabilitätsstudien nach geografischen Gebieten, Produkten, Marktsegmenten, Kunden und Vertriebskanälen an?

Marketing und Finanzen

Die große Frage zwischen Marketing und Finanzen betrifft die Rechenschaft über die finanziellen Auswirkungen der Marketingausgaben. Wenn das Marketing nicht überzeugend darstellen kann, dass die angeforderten Mittel einen messbaren Gewinn abwerfen werden, wird die Finanzabteilung kaum gewillt sein, diese Mittel zu genehmigen. Sie ist auch vorsichtig gegenüber neuen Kunden, deren Kreditwürdigkeit fraglich ist. Das Verkaufsteam denkt, die Kreditleute in der Finanzabteilung seien zu konservativ und würden ihre Provisionen untergraben, indem sie neue Geschäfte ablehnen.

Marketing und Logistik

Um Aufträge zu bekommen, geben die Leute im Verkauf üblicherweise Versprechen bezüglich des Liefertermins ab. Verspätete Lieferungen können die Kunden verärgern. Oft liegt die Schuld beim Einkauf oder der Herstellung, beim Lager oder der Versandabteilung. Marketingexperten haben ein Interesse daran, dass die Logistik verlässlich funktioniert.

Anmerkungen

1 Al Ries und Jack Trout, *Positioning: The Battle for Your Mind* (Warner Books, New York, 1982).
2 Michael Treacy und Fred Wiersema, *The Discipline of Market Leaders* (Addison-Wesley, Reading, MA, 1994).

3 Fred Crawford und Ryan Mathews, *The Myth of Excellence: Why Great Companies Never Try to Be the Best at Everything* (Crown Business, New York, 2001).

4 Thomas L. Harris, *The Marketer's Guide to Public Relations* (John Wiley & Sons, New York, 1991).

5 Leonard J. Berry, *Discovering the Soul of Service* (Free Press, New York, 1999).

6 B. Joseph Pine II und James H. Gilmore, *The Experience Economy: Work Is Theatre & Every Business a Stage* (Harvard Business School Press, Boston, 1999) (dt.: Erlebniskauf, Econ, München, 1999).

7 Don E. Schultz, Stanley I. Tannenbaum und Robert F. Lauterborn, *Integrated Marketing Communications* (NTC Business Books, Lincolnwood, IL, 1993).

8 Robert S. Kaplan und Robin Cooper, *Cost & Effect: Using Integrated Cost Systems to Drive Profitability and Performance* (Harvard Business School Press, Boston, 1998).

9 Siehe Gary Hamel und C. K. Prahalad, »Seeing the Future First«, *Fortune,* 5. September 1994, S. 64–70; Philip Kotler, *Kotler on Marketing* (Free Press, New York, 1999), S. 20–24; und Anthony W. Ulwick, »Turn Customer Input Into Innovation«, *Harvard Business Review,* Januar 2002, S. 91–97.

10 Nirmalya Kumar, Philip Kotler und Lisa Sheer, »Market Driving Companies«, *European Management Journal,* April 2000, S. 129–142.

Kapitel 10

IHR UNTERNEHMEN NUTZT DIE TECHNOLOGIE NICHT OPTIMAL

Unzureichender Gebrauch des Internet

Viele Unternehmen denken, sie würden das Internet nutzen, nur weil sie eine Website eingerichtet haben und vielleicht sogar online verkaufen. Doch diese Funktionen machen nur 10 Prozent der Möglichkeiten aus, die das Internet bietet.

Mangelhaftes automatisiertes Verkaufssystem

Vertreter benützen normalerweise ein Softwareprogramm, um Informationen über ihre Kunden zu speichern. Doch diese Programme werden laufend verbessert und benötigen Updates.

Keine Beispiele von automatisiertem Marketing

Einige Marketingentscheidungen können von einer Software einfacher oder besser getroffen werden als von Menschen. Dennoch setzen bislang zu wenige Unternehmen automatisiertes Marketing ein.

Wenig formale Entscheidungsmodelle

Die meisten Marketingentscheidungen werden noch immer intuitiv getroffen. Doch Unternehmensentscheidungen können von der Entwicklung und dem Einsatz formaler Entscheidungsmodelle im Marketing profitieren.

Geringer Einsatz von Marketing-Dashboards

Das Marketing wird zunehmend zu einem Bereich, in dem der besser informierte Konkurrent gewinnt. Die Information kann kodiert sein und Managern über die üblichen Bildschirm-*Dashboards* zugänglich gemacht werden. Verglichen mit dem, was theoretisch möglich wäre, sind die heutigen Dashboards noch relativ primitiv.

Lösungen:

▶ **Nutzen Sie das Internet intensiver.**
▶ **Verbessern Sie das automatisierte Verkaufssystem.**
▶ **Automatisieren Sie routinemäßige Marketingentscheidungen.**
▶ **Entwickeln Sie formale Entscheidungsmodelle im Marketing.**
▶ **Entwickeln Sie Marketing-Dashboards.**

Nutzen Sie das Internet

Das Internet bietet viel mehr Nutzungsmöglichkeiten, als Unternehmen gemeinhin wissen. Dies sind die Haupteinsatzgebiete:

Eine effektive Website

Die wichtigste Verwendung des Internet im Marketing besteht in der Einrichtung einer effektiven und ansprechenden Website, welche das Unternehmen, seine Produkte, Vertriebspartner, Stellenangebote und leitenden

Mitarbeiter beschreibt. Nicht alle Websites sind benutzerfreundlich oder effektiv. Das Downloaden kann zu lange dauern, da die Grafiken zu aufwendig sind. Es kann mühsam sein, auf neue Seiten zu gelangen oder einen Kauf via Internet zu bezahlen. Oft fehlen auf der Website jene Informationen, die einen Besucher veranlassen könnten, diese noch einmal aufzusuchen. Die Website kann genauso unauffällig sein wie hunderte andere und es nicht schaffen, die Persönlichkeit des Unternehmens zu vermitteln.

Sie können relativ einfach feststellen, wie effektiv die Website Ihres Unternehmens ist. Sie müssen vor allem Ihre Kunden befragen. Welche Erfahrungen haben sie mit der Website gemacht und welche Verbesserungsvorschläge haben sie? Darüber hinaus sollten Sie Website-Spezialisten hinzuziehen und sie um eine Bewertung und Verbesserungsvorschläge bitten.

Ein Unternehmen muss herausfinden, wie es seine Website attraktiver gestalten kann, sodass die Besucher sie immer wieder aufsuchen. So verwendet Sony seine Website www.PlayStation.com, um Beziehungen zu Spielern aller Altersgruppen aufzubauen. Die Website bietet Informationen über die neuesten Spiele, Nachrichten über Veranstaltungen und Promotion-Events, Anleitungen und Hilfe für Spiele und sogar Online-Foren, in denen Spieler Tipps und Erfahrungen austauschen können.

Ein effektives Intranet

Ihr Unternehmen muss das Intranet als effektives Kommunikationsmittel innerhalb des Unternehmens einsetzen. Die Mitarbeiter müssen einander über E-Mail erreichen, Dokumente vom Hauptrechner des Unternehmens herunterladen und Verkaufs- und andere Berichte eingeben können.

Effektive Extranets

Unternehmen vernetzen sich zunehmend mit ihren wichtigsten Zulieferern, Vertriebspartnern und Händlern. Sie benutzen das Internet als Plattform für diese Verbindungen. So kann ein Unternehmen wie Ford bei seinen Zulieferern Autoteile bestellen, ohne telefonieren oder Papierdokumente verschicken zu müssen. Ford kann auch Geldbeträge an die Bank des Zulieferers senden, um die Teile zu bezahlen. Ebenso kann Ford täglich seine Händler über Kaufvorschläge, Preisänderungen, gesuchte Autos, usw. informieren. In all diesen Fällen können Unternehmen viel Zeit und Geld sparen, wenn sie in die elektronische Vernetzung mit ihren wichtigsten Zulieferern, Vertriebspartnern und Händlern investieren.

E-Training online

Jedes Unternehmen muss Wissen und Fertigkeiten seiner Mitarbeiter auf dem neuesten Stand halten, damit sie ihre Arbeit tun können. In der Vergangenheit bedeutete dies, dass die Leute an einem zentralen Ort zusammengebracht wurden und ein mehrtägiges Training abgehalten wurde. Die Unternehmen hatten hohe Reise- und Hotelkosten zu tragen und verloren Produktions- und Verkaufszeiten. Dank des Internets entwickeln Unternehmen immer mehr Trainingsmaterial, auf das man online mit einem Passwort zugreifen kann. Von den Mitarbeitern wird erwartet, dass sie sich die Zeit nehmen, das Material durchzulesen und die Tests zu absolvieren. So wickelt IBM jetzt 25 Prozent seiner Trainings online ab und spart damit Millionen Dollar.

E-Rekrutierung

Das Internet unterstützt Unternehmen auf der Suche nach talentierten Mitarbeitern. Dies geschieht auf zwei Arten. Das Unternehmen kann offene Stellen auf seiner eigenen Website ausschreiben. Oder es kann Stellenmärkte im Internet konsultieren, wie etwa Monster.com, wenn Positionen neu zu besetzen sind.

E-Einkauf

Der schnellste Weg, wie ein Unternehmen Geld sparen kann, besteht darin, dass das Einkaufsteam beginnt, die Dinge via Internet zu beschaffen. Ein Unternehmen kann das Internet nutzen, um neue Zulieferer zu finden, Preise zu vergleichen, Auktionsseiten für neue oder gebrauchte Produkte aufzusuchen oder die eigenen Bedürfnisse bekannt zu geben und Angebote zu erbitten. Einkauf via Internet senkt die Kosten, da man sich weniger mit Verkaufspersonal auseinander setzen muss und die Preise für den Käufer transparenter sind.

E-Marktforschung

Der Informationshighway Internet ist ein Segen für die Marktforschung. Ein Unternehmen kann viel über seine Konkurrenten lernen, wenn es alle Informationen über bestimmte Mitbewerber auf einer Seite sammelt. Die Marktforscher des Unternehmens können online Fokusgruppen sowie Kunden- und Händlertestgruppen führen, um neue Produkte, Dienstleistungen und Kommunikationsideen zu testen. Das Unternehmen kann differenzierte Angebote an ähnliche Gruppen aussenden und die Unterschiede bei den Reaktionen messen. Das Unternehmen kann Gutscheine und Proben anbieten und nachvollziehen, ob diese zum Kauf führen. Kurz und gut, der Marktforschung eines Unternehmens erschließt sich durch das Internet eine Vielzahl neuer Möglichkeiten.

E-Chatrooms

Es kann günstig sein, einen Chatroom in die Website zu integrieren, um eine *Markengemeinde* aufzubauen, in der Kunden und Fans Ideen und Informationen austauschen können. Dies funktioniert gut bei Unternehmen wie Apple oder Harley Davidson, deren Kunden sich gerne treffen und Erfahrungen austauschen. Für Unternehmen, die ihre Kunden nicht vollständig zufrieden stellen, sind Chatrooms keine gute Idee, da sie sich zu einer Plattform für unangenehme Kritik entwickeln könnten. Es wäre klug, wenn sich ein Unternehmen auch andere Chatrooms ansieht, die sich mit dem gleichen Produktgebiet beschäftigen, und daraus lernt.

Verbessern Sie Ihr
automatisiertes Verkaufssystem

Ihr Verkaufspersonal sollte mit dem neuesten automatisierten Verkaufssystem ausgestattet sein. Das System sollte es Ihren Verkäufern ermöglichen, jede Frage im Büro des Interessenten oder Kunden zu beantworten, und sie in die Lage versetzen, im Namen des Unternehmens Entscheidungen zu treffen. Ein potenzieller Kunde zeigt vielleicht Interesse am Angebot des Verkäufers, braucht die Lieferung aber in drei Tagen. Mit dem automatisierten Verkaufssystem klickt der Verkäufer den Lagerbestand des Unternehmens an und bestätigt, dass eine Lieferung tatsächlich in zwei Tagen möglich ist. Der Interessent ist zufrieden, zögert aber noch: »Ich brauche einen besseren Preis.« Der Verkäufer konsultiert wieder das automatisierte Verkaufssystem und sagt: »Ich möchte, dass der Auftrag zustande kommt. Ich kann Ihnen zwei Prozent nachlassen. Aber mehr kann ich nicht tun.« »Gut«, sagt der Interessent, doch er zögert noch immer. »Mir gefallen die Haftungsbestimmungen im vierten Absatz des Vertrags nicht. Sie müssen abgeändert werden.« Der Verkäufer schlägt eine Änderung vor, der der Interessent zustimmt. Schließlich erteilt der Interessent den Auftrag und unterzeichnet den Vertrag.

Kurz gesagt, das automatisierte Verkaufssystem stellt dem Verkaufspersonal die nötigen Informationen zur Verfügung, um einträgliche Entscheidungen im Namen des Unternehmens zu treffen.

Setzen Sie mehr automatisiertes Marketing ein

Viele routinemäßige Marketingentscheidungen können besser von einer Software als von den Mitarbeitern getroffen werden. Das Unternehmen erhält bessere Entscheidungen und spart Arbeitszeit. Die Tatsache, dass Software menschliche Entscheidungen übertreffen kann, wird von IBMs Deep Blue Software demonstriert, die den besten lebenden Schachmeister, Gary Kasparov, geschlagen hat. Wenn es möglich ist, Software zu entwickeln, die ein solch komplexes Spiel wie Schach beherrscht, kann zweifellos auch Software für alltägliche Marketingentscheidungen entwickelt werden. Hier sind zwei Beispiele:

1. Fluglinien wollen für einen Flug so viele Plätze wie möglich verkaufen, bevor das Flugzeug abhebt. Fast jeder Betrag, den sie für einen andernfalls unverkauften Platz bekommen, wird über den Kosten liegen. Die Luftlinien setzen Softwareprogramme zur *ertragsorientierten Preisgestaltung* ein. Das Programm bestimmt, wann vor einem Flug der Preis für einen Platz gesenkt werden soll, und sendet die Information an Reisebüros und bestimmte Kunden. Selbst eine so große Fluglinie wie American Airlines verlässt sich lieber auf ein Softwareprogramm, anstatt mehrere Mitarbeiter ganztägig für die Änderung von Flugpreisen anzustellen.

2. Die Positionierung von Marken in einem Regal hängt nun nicht mehr von Mutmaßungen ab, sondern wird von Software erledigt. Kraft betreut die Käseabteilung vieler Geschäfte und kann die beste Mischung von

Käsemarken und ihre Positionierung im Regal für Läden in Vierteln mit niedrigem, mittlerem und hohem Einkommen bestimmen.

Man kann damit rechnen, dass Unternehmen künftig weiter in die Automatisierung ihrer routinemäßigen Marketingentscheidungen investieren.

Entwickeln Sie Entscheidungsmodelle

Seit den 1960er Jahren haben Marketingforscher Modelle entwickelt, die Marketingentscheidungen unterstützen. Sie tragen Namen wie CALLPLAN, DETAILER oder MEDIAC.[1] Jedes Modell war für eine bestimmte Art von Marketingentscheidung gedacht. Heute versuchen sich Firmen mit *gemischten Marketingmodellen,* die die getrennten und gemeinsamen Auswirkungen eines Marketingmix auf Verkauf und Gewinn kombinieren. Hilfe bei der Entwicklung dieser und anderer Modelle können sie bei Anbietern von Marketing Resource Management erhalten, wie etwa Veridiem oder Marketing Management Analytics.

Entwickeln Sie Dashboards
für das Marketing

Wir alle steuern unsere Autos mit Hilfe der Anzeigen auf dem Armaturenbrett (engl. *dashboard*). Oder denken Sie an ein Flugzeug, das in der Nacht startet, auf 10 000 Meter steigt und schließlich sicher landet – die einzige Orientierungshilfe für den Piloten ist das Armaturenbrett. Das heißt, er verlässt sich beim Fliegen ausschließlich auf die Informationen, die dort angezeigt werden. Kann ein Unternehmen sich auf dem Weg zu seinen Zielen auch vorwiegend auf die aktuellen Informationen auf seinem Armaturenbrett verlassen?

Es gibt drei Arten von Dashboards, die nützlich sein können:

1. *Ein Dashboard für die Marketingperformance,* das anzeigt, wo das Unternehmen in Hinblick auf seine Ziele derzeit steht. Die Informationen würden die jüngsten Verkaufsdaten, Marktanteile, Kosten und Preise des Unternehmens sowie seiner Konkurrenten umfassen. Eine rote Flagge würde auf eine unzureichende Performance hinweisen. Der Benutzer kann sich jede Zahl aufschlüsseln lassen, um die Ursache der schwachen Leistung zu eruieren. So stellt er vielleicht fest, dass einer der drei Verkäufer in Chicago seine Quoten bei weitem nicht erfüllt. Daraufhin kann er ihn kontaktieren und herausfinden, was passiert ist und ob es sich korrigieren lässt.

2. *Ein Dashboard für Marketingprozesse,* das Benutzer bei der Durchführung von Marketingprozessen unterstützt. So möchte vielleicht eine neue Produktmanagerin eine Konzeptprüfung durchführen. Sie tippt *Konzeptprüfung* ein, und der Computerbildschirm zeigt ihr, dass eine solche Prüfung vier Schritte umfasst. Für jeden Schritt wird ein Beispiel samt Tipps für die effiziente Durchführung gegeben. Man könnte

auch sagen, dass der Computer die Rolle eines Mentors übernimmt, der Produktmanagern zur Seite steht. Weitere Prozesse könnten zum Beispiel Markttests oder die Auswahl einer neuen Werbeagentur sein. P&G hat bereits begonnen, alle seine Prozesse auf diese Weise zu erfassen.

3. *Ein Dashboard für Marketingtools,* das mit Statistikprogrammen ausgestattet ist. Diese können verwendet werden, um Mittelwerte, Standardabweichungen, Kreuztabellen, Regressionsanalysen, Diskriminanzanalysen, Faktoranalysen, Clusteranalysen etc. zu ermitteln. SAS und andere Unternehmen bieten einige dieser Programme bereits an.

Anmerkung

1   Siehe Philip Kotler, *Marketing Management,* 11. Auflage (Prentice Hall, Upper Saddle River, 2003), S. 141.

DIE ZEHN GEBOTE
DES EFFEKTIVEN
MARKETING

Die Theorie des Marketing ist hervorragend, doch die Praxis lässt viel zu wünschen übrig. Ich führe in diesem Buch die zehn Todsünden, Fehler, Schwächen – oder wie immer Sie es nennen wollen – des Marketing in der Praxis an, beschreibe die wichtigsten Symptome jeder Sünde und schlage Lösungen vor. Wendet man diese Lösungen an, verwandeln sich die zehn Sünden in die *zehn Gebote, um eine hohe Marketingproduktivität und -rentabilität zu erreichen.* Diese zehn Gebote sind im Folgenden aufgelistet. Rahmen Sie sie ein und hängen Sie sie an die Wand!

1. Das Unternehmen segmentiert den Markt, wählt die besten Segmente aus und entwickelt eine starke Position in jedem gewählten Segment.
2. Das Unternehmen registriert sorgfältig die Bedürfnisse, Wahrnehmungen, Präferenzen und Verhaltensweisen seiner Kunden und motiviert seine Partner, sich voll und ganz für die Zufriedenheit der Kunden zu engagieren.
3. Das Unternehmen kennt seine Hauptkonkurrenten und ihre Stärken und Schwächen.
4. Das Unternehmen verwandelt seine Stakeholder in Partner und belohnt sie großzügig.
5. Das Unternehmen entwickelt ein System, um Ge-

schäftsmöglichkeiten zu identifizieren, zu bewerten und die besten auszuwählen.

6. Das Unternehmen verfügt über ein System für die Marketingplanung, das fundierte langfristige und kurzfristige Pläne ermöglicht.

7. Das Unternehmen kontrolliert seine Produkt- und Dienstleistungspalette intensiv.

8. Das Unternehmen baut starke Marken auf, indem es die kostenwirksamsten Kommunikations- und Promotion-Tools verwendet.

9. Das Unternehmen entwickelt eine starke Marketingführung und Teamgeist in den verschiedenen Abteilungen.

10. Das Unternehmen integriert laufend neue Technologien, die ihm einen Wettbewerbsvorteil verschaffen.

STICHWORTVERZEICHNIS